Giesen / Heim

Verarbeitung von Fest- und Flüssigsilikonkautschuken

Ralf-Urs Giesen
Hans-Peter Heim

Verarbeitung von Fest- und Flüssigsilikonkautschuken

HANSER

MIX
Papier aus verantwortungsvollen Quellen
FSC® C083411

Print-ISBN: 978-3-446-45817-8
E-Book-ISBN: 978-3-446-46548-0
E-Pub-ISBN: 978-3-446-48387-3

Die allgemein verwendeten Personenbezeichnungen gelten gleichermaßen für alle Geschlechter.

Alle in diesem Werk enthaltenen Informationen, Verfahren und Darstellungen wurden zum Zeitpunkt der Veröffentlichung nach bestem Wissen zusammengestellt. Dennoch sind Fehler nicht ganz auszuschließen. Aus diesem Grund sind die im vorliegenden Werk enthaltenen Informationen für Autor:innen, Herausgeber:innen und Verlag mit keiner Verpflichtung oder Garantie irgendeiner Art verbunden. Autor:innen, Herausgeber:innen und Verlag übernehmen infolgedessen keine Verantwortung und werden keine daraus folgende oder sonstige Haftung übernehmen, die auf irgendeine Weise aus der Benutzung dieser Informationen – oder Teilen davon – entsteht. Ebenso wenig übernehmen Autor:innen, Herausgeber:innen und Verlag die Gewähr dafür, dass die beschriebenen Verfahren usw. frei von Schutzrechten Dritter sind. Die Wiedergabe von Gebrauchsnamen, Handelsnamen, Warenbezeichnungen usw. in diesem Werk berechtigt also auch ohne besondere Kennzeichnung nicht zu der Annahme, dass solche Namen im Sinne der Warenzeichen- und Markenschutz-Gesetzgebung als frei zu betrachten wären und daher von jedermann benützt werden dürften.

Die endgültige Entscheidung über die Eignung der Informationen für die vorgesehene Verwendung in einer bestimmten Anwendung liegt in der alleinigen Verantwortung des Nutzers.

Bibliografische Information der Deutschen Nationalbibliothek:
Die Deutsche Nationalbibliothek verzeichnet diese Publikation in der Deutschen Nationalbibliografie; detaillierte bibliografische Daten sind im Internet unter http://dnb.d-nb.de abrufbar.

Vilshofener Straße 10 | 81679 München | info@hanser.de
www.hanser-fachbuch.de
Lektorat: Dr. Mark Smith
Herstellung: Der Buchmacher, Arthur Lenner, Windach
Coverkonzept: Marc Müller-Bremer, *www.rebranding.de*, München
Covergestaltung: Max Kostopoulos
Titelmotiv: © IfW
Satz: Eberl & Koesel Studio, Kempten
Druck: CPI Books GmbH, Leck
Printed in Germany

Inhalt

Vorwort

Die Herstellung von Bauteilen aus Kunststoffen ist seit dem Beginn des letzten Jahrhunderts stark industrialisiert worden. In den Anfängen wurde Naturkautschuk zu Gummi vulkanisiert und so bildeten die Elastomere den Start für den bis heute anhaltenden Siegeszug dieser Materialklasse. Duro- und Thermoplaste ergänzten immer mehr die Nachfrage nach leichten, einfach zu fertigenden komplexen Bauteilen. Die Silikonelastomere sind mitunter die jüngsten, auf dem Markt befindlichen Polymere und genießen ein Nischendasein mit stetigem Wachstum. Silikonelastomere haben sehr gute Materialeigenschaften und lassen sich relativ leicht mit modifizierter Anlagentechnik verarbeiten.

Dieses Buch soll den Leser:innen einen einfachen Einstieg in die Verarbeitung von Silikonkautschuken geben, um Produkte aus Silikonelastomeren herzustellen. Hierfür werden am Anfang aus ingenieurtechnischer Sicht der Markt und die Herstellung von Silikonkautschuken erklärt. In weiteren Kapiteln wird auf die typischen Verarbeitungsverfahren Compoundierung, Extrusion, Spritzgießen, Pressen und Gießen eingegangen. Nachbehandlungsschritte wie Tempern und Sterilisieren werden mitbetrachtet. Die Prüfung der Silikonelastomere wie auch die zu betrachtende Alterung des Materials runden den Inhalt des Buches ab.

An dieser Stelle sei allen Mitautor:innen sowie dem Anwendungszentrum UNIpace der Universität Kassel besonderer Dank gewidmet, hier besonders den ehemaligen Kolleg:innen Dr.-Ing. Anette Rüppel, Dr.-Ing. Christof Schlitt, Dr.-Ing. Fabian Verheyen und Dr.-Ing. Michael Hartung. Auf Diskussionen mit Fachkollegen und tiefe Einblicke des Autors in die Verarbeitung sind große Teile dieses Buches zurückzuführen. Ein weiterer Dank gilt den Firmen und Personen, mit denen wir in den letzten Jahren Informationen über diesen einzigartigen Werkstoff austauschen durften und die mitunter auch durch ihre Expertise und Erfahrungen an diesem Buch indirekt mitgewirkt haben.

Die Herausgeber — Kassel, Herbst 2024

Ralf-Urs Giesen

Hans-Peter Heim

Die Autor:innen

Die Herausgeber

Dr.-Ing. Ralf-Urs Giesen studierte Maschinenbau mit der Vertiefungsrichtung Kunststoffverfahrenstechnik an der Universität Paderborn. Danach war er von 2007–2009 als Projektingenieur bei der der WÄGA GmbH in Kassel tätig. Seit 2009 ist er als wissenschaftlicher Mitarbeiter am Institut für Werkstofftechnik, Fachgebiet Kunststofftechnik, der Universität Kassel tätig, an dem er 2017 promovierte. Seit 2013 leitet er das Anwendungszentrum UNIpace der Universität Kassel, welches sich vorrangig mit der Verarbeitung von Silikonkautschuken beschäftigt.

Prof. Dr.-Ing. Hans-Peter Heim studierte Wirtschaftsingenieurwesen mit der Fachrichtung Fertigungstechnik an der Universität Paderborn. Nach einer Tätigkeit als Projektingenieur bei der Seeber GmbH/srl in Leifers (Italien) wurde er wissenschaftlicher Mitarbeiter am Institut für Kunststofftechnik an der Universität Paderborn, an der 2001 promovierte. Von 2001 bis 2004 war er dort Oberingenieur und leitete von 2004–2007 das Institut kommissarisch. Seit 2008 ist er Professor für Kunststofftechnik an der Universität Kassel und wissenschaftlicher Leiter des Anwendungszentrums UNIpace.

Die Mitverfasser:innen

Svenja Marl, M. Sc., studierte Chemie an der Universität Paderborn (B. Sc.) und Polymer Science an der Universität Bayreuth (M. Sc.). Seit 2015 arbeitet sie als wissenschaftliche Mitarbeiterin am Anwendungszentrum UNIpace am Institut für Werkstofftechnik, Fachgebiet Kunststofftechnik an der Universität Kassel. Dort forscht sie u. a. auf dem Gebiet des Aufschäumens von Silikonkautschuk im Spritzgussverfahren und der Alterung von verschiedenen Silikonkautschuken.

Kevin Klier, M. Sc., studierte Maschinenbau an der Universität Kassel mit der Vertiefung in Werkstoffe und Konstruktion. Seit Januar 2019 ist er wissenschaftlicher Mitarbeiter an der Universität Kassel. In seiner Tätigkeit dort beschäftigt er sich mit der Verarbeitung von Silikonkautschuken. In den letzten Jahren hat er in verschiedenen Bereichen des Silikonkautschuks gearbeitet, unter anderem im Spritzgießen von LSR, in der Extrusion und Compoundierung von Festsilikonkautschuk, in der Simulation dieser Prozesse sowie in der Additiven Fertigung von Silikonkautschuken.

1 Einleitung

Ralf-Urs Giesen

Silikonelastomere finden mittlerweile in allen Bereichen Anwendung. Sie ersetzen mehr und mehr klassische Elastomere, die organisch oder thermoplastisch basiert sind. Dieses Kapitel soll Ihnen einen Einstieg in die besonderen Eigenschaften und den aktuellen Markt von Silikonkautschuken und -elastomeren geben.

1.1 Einführung in (Silikon-)elastomere

Kunststoffe werden nach [1] in drei Gruppen eingeteilt (Bild 1.1). Die Thermoplaste bilden die erste Gruppe. Sie sind unvernetzt und können somit wieder aufgeschmolzen werden, dadurch sind sie auch plastisch verformbar. Grund hierfür sind lineare und verzweigte Polymerketten (Makromoleküle). Als Gegenteil können die Duroplaste als zweite Gruppe angesehen werden. Sie verfügen über eine starke chemische Vernetzung der Polymerketten. Duroplaste sind nicht plastisch verformbar und somit auch nicht aufschmelzbar. Die dritte Gruppe sind die Elastomere. Elastomere sind grundsätzlich schwach vernetzt und haben ein gummielastisches Verhalten. Wenn die Vernetzung physikalisch ist, sprechen wir von thermoplastischen Elastomeren. Diese haben den Vorteil, dass sie wieder aufgeschmolzen werden können und damit plastisch verformbar und wiederverwendbar sind.

Da es in diesem Buch um die Verarbeitung von Silikonkautschuken zu Silikonelastomeren geht, die chemisch vernetzt sind, gehen wir bezüglich der Elastomere in diesem Teil stärker auf die Eigenschaften und deren grundsätzliche Verarbeitung ein.

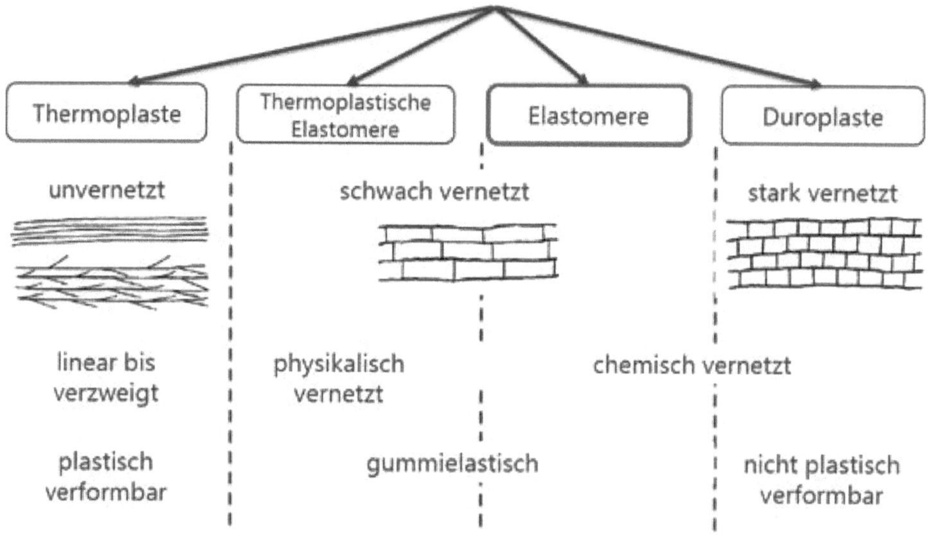

Bild 1.1 Einteilung Kunststoffe in Anlehnung an [1]

Zuvor noch einige interessante Fakten zur Geschichte der Elastomere. Als Ausgangsstoff für die ersten Elastomere diente Milchsaft, der aus Kautschukbäumen gewonnen wurde. Dieser Milchsaft wird auch Latex genannt. Im Latex ist ein gummiartiger Stoff enthalten, den man Naturkautschuk nennt. Erstmals erwähnt wurde dieses Material anfangs des 16. Jahrhunderts. Seefahrer nutzten das Material, um Stoffe wasserdicht zu machen. Es dauerte aber bis zum Jahr 1839, bis Charles Goodyear die erste Vulkanisation von Naturkautschuk zum Elastomer gelang. Durch die Zugabe von Schwefel kam es zur Vernetzung der natürlich basierten Polymere im Naturkautschuk. 1844 wurde dieses Verfahren patentiert. Eine erste Anwendung wurde ein Jahr später durch den Schotten Thomson patentiert, es handelte sich um den Luftreifen. Die Idee Thomsons blieb aber lange Zeit ungenutzt. Erst Ende des 19. Jahrhunderts wurde die Idee von J. P. Dunlop und Edouard Michelin aufgegriffen und von nun an für Fahrzeuge jeglicher Art eingesetzt. Der Siegeszug des Gummis begann.

1911 wurde erstmals durch die Bayer-Werke synthetischer Kautschuk hergestellt. Es handelte sich hierbei um einen Methylkautschuk, der von Fritz Hofmann entwickelt wurde. Er diente im ersten Weltkrieg als Ersatz für Naturkautschuk. Der heute mit am häufigsten verwendete synthetische Kautschuk ist Styrol-Butadien Rubber (SBR), dieser wurde erstmals großtechnisch in den 40er-Jahren sowohl in den USA wie auch in Deutschland hergestellt. In diese Zeit fällt auch die Erfindung und Entwicklung der Silikonkautschuke und der Silikonelastomere. Dem deutschen Chemiker Richard Müller und dem Amerikaner Eugene R. Rochow gelang Anfang 1940 die Herstellung von Methylchlorosilanen aus Silicium und Chlormethan, dem Zwischenstoff zur Herstellung von Silikonkautschuken. 1943 gelang dann erstmals die Vulkanisation dieser Silane zu einem Silikonelastomer [2].

Nach dem Krieg begann dann DowCorning mit der Produktion von Silanen in den USA. Durch Lizenzen wurde dann zu Beginn der 50er-Jahre auch die Silanproduktion in Deutschland gestartet. In der Bundesrepublik Deutschland geschah das durch die Bayer-Werke und durch die Wacker Chemie in Burghausen. In der Deutschen Demokratischen Republik wurden Silane bei der VEB Silikon-Chemie Nünchritz hergestellt. Mit den Silanen konnten Polysiloxane (Silikone) hergestellt werden. Seit Mitte der 50er-Jahre werden somit Silikone als Öle, Fette, Harze und Elastomere eingesetzt. Bis Ende der 70er-Jahre verarbeitete man hauptsächlich heißvernetzende Festsilikonkautschuke (HCR) und raumtemperaturvernetzende Silikonkautschuke (RTV). Mit der immer besser werdenden Spritzgießtechnik kam 1979 der Flüssigsilikonkautschuk (LSR) zur Marktreife. Haftende Silikonkautschuke, vor allem für den Mehrkomponentenspritzguss, kamen Anfang der 90er-Jahre auf den Markt. Bis heute ist das Potenzial des Materials immer noch nicht ausgeschöpft. Neueste Entwicklungen der Materialhersteller sind Silikonkautschuke für optische Anwendungen, Flüssigsilikonkautschuke mit geringen flüchtigen Bestandteilen, Festsilikonkautschuke mit sehr gutem Dehnverhalten von bis zu 1500 % und Silikonkautschuke, die mit UV-Strahlung vernetzen.

Generell vereinen Elastomere bestimmte Eigenschaften. Hierzu zählen weitmaschig vernetzte Polymere. Sie besitzen eine Glasübergangstemperatur, die deutlich unter 0 °C liegt. Elastomere können hohe Dehnungen erreichen, bis über 1500 %. Sie verhalten sich über einen sehr langen Zeitraum (> 50 Jahre) fast ideal elastisch, hier sind vor allem Reifen als Beispiel zu nennen. Es gibt bei Elastomeren keinen Fließbereich (plastisches Verhalten) bis zur Zersetzung. Der Aufbau der relevanten Makromoleküle ist in Tabelle 1.1 mit den jeweiligen Bindungsenergien dargestellt. An Position zwei findet man die SI-O-Hauptkette für die Silikonelastomere mit ihrer hohen Bindungsenergie von 370kJ/Mol. Diese hohe Bindungsenergie ist mitverantwortlich für die sehr guten mechanischen und chemischen Eigenschaften gegenüber anderen elastomeren Werkstoffen.

Tabelle 1.1 Bindungsenergien wichtiger Elastomergruppen [3]

Chemischer Aufbau	Bindungsenergie (kJ/Mol)
CF2 – CF2	400
Si – O -	370
CH2 – O -	330
CH2 – CH2 -	320
CH2 – CH2 – C = C -	300
C – S - S – C -	290
C – Sa – Sb - C	250

Betrachtet man die Temperaturabhängigkeit des Schubmoduls von Elastomeren und Thermoplasten in Bild 1.2, so sieht man, dass sich die Gebrauchstemperaturbereiche (rot eingekreist) unterscheiden. Produkte aus Thermoplasten werden im energieelastischen Bereich eingesetzt, Elastomere hingegen im entropieelastischen Bereich. Im Übergangsbereich wird bei den Elastomeren die Glasübergangstemperatur bestimmt.

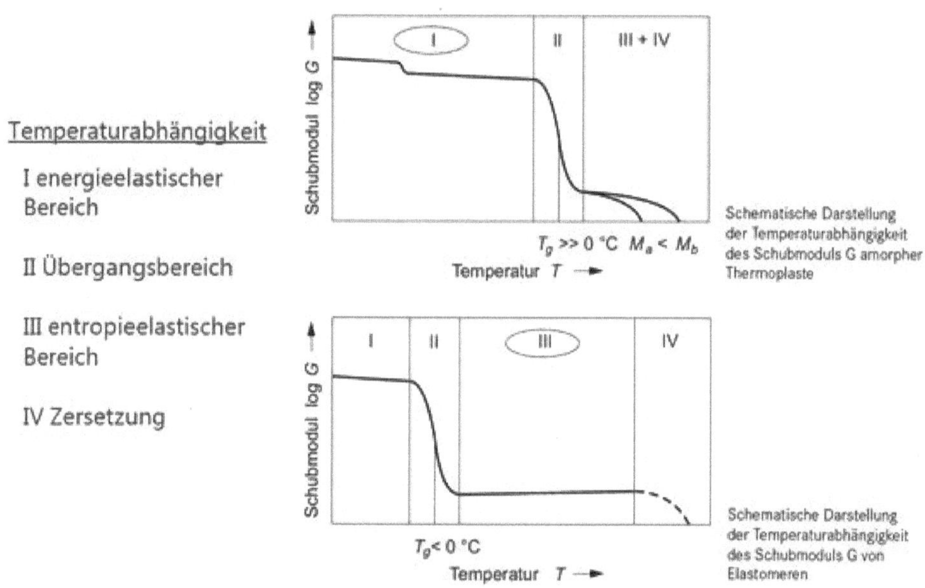

Bild 1.2 Temperaturabhängigkeit von Kunststoffen (Quelle: Röthemeyer/Sommer, Kautschuktechnologie [3])

Abschließend sind hier kurz die wichtigsten Eigenschaften von Silikonelastomeren aufgeführt, unter anderem aus [5]:

- sehr gute Biokompatibilität, physiologisch unbedenklich
- beständig gegen Chemikalien und Umwelteinflüsse
- schmutz- und wasserabweisende Oberflächen
- hohe Transparenz
- schwer entflammbar, keine toxischen Verbrennungsprodukte
- hochtemperaturbeständig bis zu 300 °C
- flexibel bei tiefen Temperaturen (T_g < –50 °C)
- guter Druckverformungsrest (DVR)
- erhältlich in vielen Shore-Härten (z. B. Shore A 05–Shore A 90)

1.2 Marktsituation

Die Silikonkautschuke gehören zu den synthetischen Kautschuken und nehmen im Weltmarkt für Kautschuke eine untergeordnete Rolle ein. Mit nur 0,7 Mio. t Jahresproduktion liegt der Anteil am produzierten Kautschuk bei gerade einmal ca. 2 %. Betrachtet man aber den erreichten Umsatz mit Silikonelastomeren, der ca. 10 % des Weltmarktes für Elastomere ausmacht, so sieht man, wie hochwertig Silikonelastomere sind. Zudem zeigt es, dass sich mit der Produktion von Silikonbauteilen oft noch gute Margen bzw. Erträge erreichen lassen.

Bild 1.3 gibt einen Überblick dazu, wie sich die verschiedenartigen Silikonkautschuke auf die gesamte Jahresproduktion von ca. 700 000 t verteilen.

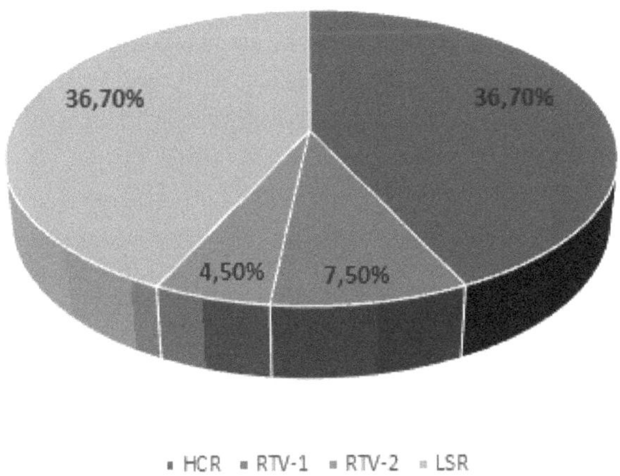

Bild 1.3
Produktionsmengen Silikonkautschuke [4]

Mit rund 51 % ist der meistverwendete Silikonkautschuk der Festsilikonkautschuk (HCR), gefolgt vom Flüssigsilikonkautschuk (LSR) mit ca. 37 %. Die raumtemperaturvernetzenden Typen (RTV), sowohl 1- und 2-komponentig, nehmen zusammen mit 12 % eher eine untergeordnete Rolle ein. Die Wachstumsrate für die Produktion von Silikonkautschuken bzw. der Verbrauch dieser liegt seit 2005 konstant bei 5 – 7 % pro Jahr. Diese Wachstumsrate wird auch von einer aktuellen Ceresana-Studie [4] bis 2024 vorausgesagt.

Die Einsatzgebiete für Silikonelastomere werden immer größer. Im Bereich der Verkehrstechnik werden in Zukunft aus brandschutztechnischen Gründen elastische Bauteile, wie Übergangssysteme, Schläuche, Dichtungen aus Silikon sein. Im Bereich des Automobil- und Lkw-Marktes werden weiterhin z. B. Turboladerschläuche und Dichtungen, aber in Zukunft auch Ladesteckerabdichtungen und Dämpfersysteme zur Geräuschminimierung bei Elektrofahrzeugen eingesetzt. Silikonelastomere sind im Bereich der Medizintechnik nicht mehr wegzudenken, da sie physiologisch im und am Körper fast unbedenklich sind. Die Einsatzgebiete reichen hier von kleinen Ventilen in Infusionsüberleitungssystemen bis hin zu mehrlumigen Schläuchen am Herzschrittmacher. Auch hier ist durch den demografischen Wandel und die stetige Weiterentwicklung in der Medizintechnik ein starkes Wachstum zu erwarten. Im Bereich der Kabelindustrie gibt es zwei Tendenzen, zum einen der Ersatz von keramischen Isolatoren durch flexible Isolatoren aus Silikonkautschuk und zum anderen die Ummantelung von Kabeln mit Silikonelastomeren, ebenfalls aus Sicht des Brandschutzes. Zu guter Letzt ist der Markt der optischen Silikonelastomere zu nennen. Der rasante Aufstieg der LED-Technologie führte dazu, dass als Schutz- und Linsenmaterial immer mehr hochtransparente Silikone zum Einsatz kommen [6].

1.3 Anwendungsgebiete

Silikonelastomere werden nahezu in jedem Markt (Bereich) eingesetzt. Der Anteil im Automotive-Sektor beträgt ca. 25 %. Über 30 unterschiedliche Teile sind in einem modernen Kfz verbaut, hierzu zählen z. B. Airbag Coating, Dämpfer für Abgasanlagen, Abdichtungen für Kabel und Turboladerschläuche, zu sehen in Bild 1.4.

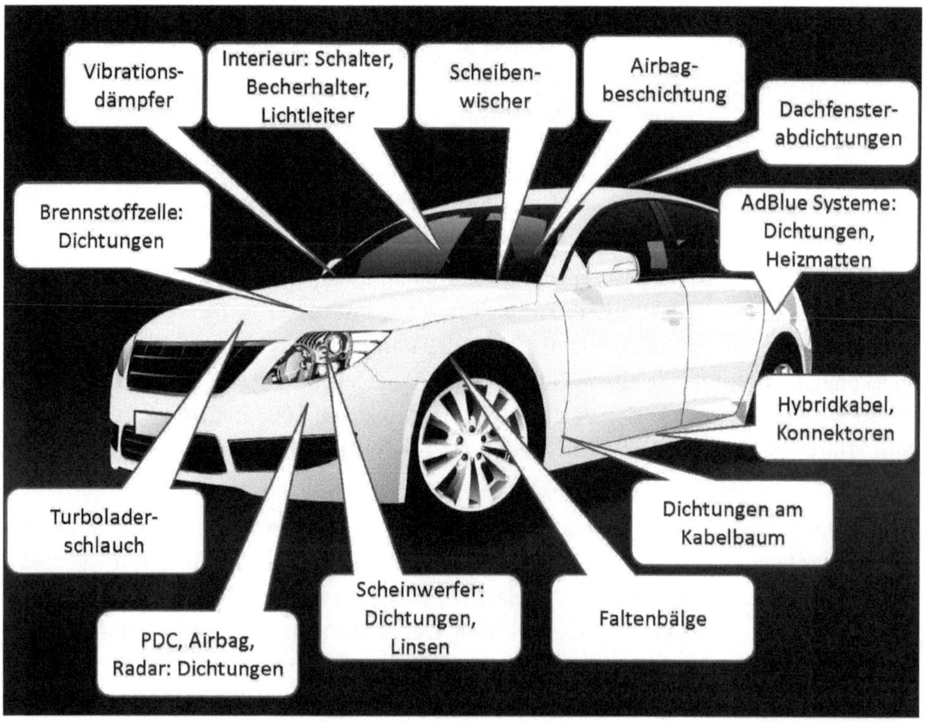

Bild 1.4 Beispiele für Silikonelastomerbauteile im Automobil (Quelle: freepik.com)

Weitere große Märkte sind der Energiebereich und der Bau- und Haushaltsbereich mit jeweils ca. 20 % Anteil (Bild 1.5). Produktbeispiele sind hier Kabelummantelungen, Isolatoren, Backformen und Abdichtungen.

Bild 1.5 Einsatzbereiche in Haushalt, Bau und Elektroindustrie
(Quelle: https://www.wacker.com/cms/de-de/press-and-media/press-photos/overview.html)

Mit ca. 10 % Anteil sind die jeweiligen Bereiche Sport und Mode sowie die Consumer-Elektronik zu nennen. Die Dichtungen bei Tauchermasken bestehen sehr oft aus Silikonelastomer, weiterhin Griffe für Sportgeräte, Schuhsohlen und ein großer Teil von Produkten in der Erotikbranche. Bei den elektronischen Geräten sind vor allem Dichtungen an Kameras, Mikrofonen, Lautsprechern und Steckereingängen für Tablets und Smartphones zu nennen. Ebenfalls werden für die Produkte auch viele Schutzhüllen und Ablageeinrichtungen aus Silikon gefertigt.

1.4 Hersteller

In diesem Abschnitt wird auf die bekanntesten weltweiten Hersteller von Silikonkautschuken für Silikonelastomere eingegangen. Die meisten Anbieter vertreiben sowohl raumtemperaturvernetzende als auch heißtemperaturvernetzende Silikonkautschuke. In Europa sind vor allem die Wacker Chemie mit Sitz in Burghausen (D), DOW Silicones mit Sitz in Midland (US) und Produktionsstätten in Wiesbaden (D), Seneffe (B) und Barry (UK) sowie Momentive mit Sitz in Waterford (US) und einer Produktionsstätte in Leverkusen bekannt. Die Silikonsparte von Momentive ist im Jahr 2019 von KCC (Südkorea) übernommen worden. Weiterhin sind auf dem europäischen Markt CHT (D), Elkem (N), Shin-Etsu (J) und Nusil (gehört zu Avantor (US)) gut vertreten. Chinesische Hersteller, wie u. a. Wynca und SquareSilicone dringen mittlerweile auch in die Märkte ein. Im Bereich der RTV-Silikonkautschuke gibt es mit Altropol und WEVO-Chemie auch Anbieter.

1.5 Verarbeiter und Werkzeugbauer

Mittlerweile hat sich ein relativ großer Markt an Verarbeitern für Silikonkautschuke gebildet. Viele Verarbeiter und Werkzeugbauer haben sich auf diese Materialklasse spezialisiert. An dieser Stelle wird vorrangig über den deutschsprachigen Raum berichtet. Viele große Firmen haben auch eine eigene Produktion von Silikonelastomerteilen aufgebaut, hier seien z. B. Continental, Aptiv und Hübner benannt.

Eine Unterscheidung bei den Verarbeitern konnte man früher ganz gut in Extrusions- und Spritzgießbetriebe vornehmen. Mittlerweile haben aber auch die großen Extrudeure eine Spritzgießfertigung aufgebaut. Zu nennen sind hier vor allem Betriebe im Westen Deutschlands mit BIW, M+S Silicon, Silex und SICO. Diese Firmen stellen vor allem Schläuche und Profile im Extrusionsverfahren mit Festsilikonkautschuk (HCR), aber auch Formteile aus LSR und HCR im Press- und Spritzgießverfahren her.

Betrachtet man den Markt für Spritzgießer von Flüssigsilikonkautschuk (LSR) in Deutschland, so gibt es eine Reihe großer Verarbeiter mit mindestens über 30 Spritzgießmaschinen. Hierzu zählen JuHa, Datwyler, Raumedic, Freudenberg, Frey & Winkler und einige mehr. Auch kleinere Unternehmen sind am Markt tätig und können in der Nische sehr erfolgreich agieren.

In Österreich gibt es rund um Wels ein richtiges Silikon-Mekka. Zahlreiche Werkzeugbauer mit angegliederter Produktion stehen für Spitzenprodukte. Zuerst sei hier StarlimSterner genannt, ein Pionier in der Silikonverarbeitung. Gefolgt wird er von RICO und Elmet. Alle drei Unternehmen sind seit über 20 Jahren weltweit erfolgreich mit ihren Produkten vertreten. Des Weiteren sind hier noch als Werkzeugbauer ACH und NEXUS zu nennen. In der Schweiz sind vor allem Silcoplast und Trelleborg bekannte Produzenten von Bauteilen aus Silikon.

Oft werden Produkte für den Automotive- oder Healthcarebereich aufgrund der hohen Anforderungen in Deutschland, der Schweiz und in Österreich produziert. Auch der Automatisierungsgrad und die Verarbeitungstechnologien sind auf dem weltweit höchsten Niveau. Neben Reinraumtechnik, vollautomatisierter 24/7-Produktion, Mehrkomponentenspritzguss von LSR mit Thermoplasten, spielt auch die sehr gute Qualifikation der Mitarbeiter eine entscheidende Rolle, um erfolgreich auf dem Weltmarkt agieren zu können.

Weitere größere Ansammlungen von Werkzeugbauern und Spritzgießbetrieben sind in Europa vor allem in Norditalien zu finden. Hier gibt es eine Vielzahl von Verarbeitern von (Silikon-)kautschuk und Maschinenherstellern für die Kautschukverarbeitung.

Literatur

[1] Hopmann, C.; Michaeli, W.: Einführung in die Kunststoffverarbeitung, Hanser-Verlag, 2017

[2] Lambrecht, J.; Wolf, H.-P.; Gerlach, E.; *https://www.uni-frankfurt.de/61049683/chemische_eigenschaften_siliconelastomere.pdf*

[3] Röthemeyer, F.; Sommer, F.: Kautschuktechnologie, Hanser-Verlag, 2013

[4] In Anlehnung an „The Future of Silicone Elastomers, Growth and Opportunities", Smithers, Berlin 2021, Silicone Elastomers World Summit

[5] Marktstudie Silikone, 3. Auflage, Ceresana, 2019

[6] SOLID AND LIQUID SILICONE RUBBER MATERIAL AND PROCESSING GUIDELINES, Wacker Chemie AG, 2013

2 Herstellung und Aufbau von Silikonkautschuken

Svenja Marl

2.1 Synthese

Die Synthese von Polysiloxanen wird in drei Schritte unterteilt. Der erste Schritt ist die Synthese von Chlorsilan, welches im zweiten Schritt hydrolysiert wird und durch eine Ringöffnungspolymerisation im dritten Schritt zu Polysiloxan weiterverarbeitet wird. Diese drei Schritte werden im Folgenden näher erläutert [Shit 2013].

Im ersten Schritt wird Silicium und Chlormethan zu Methylchlorsilanen über die Müller-Rochow-Synthese (s. Bild 2.1) exotherm umgesetzt. Dabei wird Kupferoxid (CuO_2) als Katalysator eingesetzt und es werden Reaktionstemperaturen zwischen 250 °C und 350 °C und Drücke zwischen 1 und 5 bar benötigt, wodurch in dem Fließbettreaktor ein Gemisch aus Rohsilanen (Dimethyldichlorsilan 85 – 90 %; Trimethylchlorsilan 3 – 4 %; Methyltrichlorsilan 5 – 10 %; Methylhydrogendichlorsilan 3 – 4 %) synthetisiert wird. Hierbei ist eine hohe Reinheit des Siliciums in Bezug auf Fremdatome gefordert, da diese zu unerwünschten Nebenprodukten führen [Bertau 2013, Shit 2013].

Das Gemisch wird anschließend destillativ aufgetrennt, wobei aufgrund der sehr nah beieinanderliegenden Siedetemperaturen sehr lange Destillationskolonnen eingesetzt werden. Die Kolonnen müssen eine hohe Trennstufenzahl sowie Trennschärfe besitzen [Bertau 2013, Shit 2013].

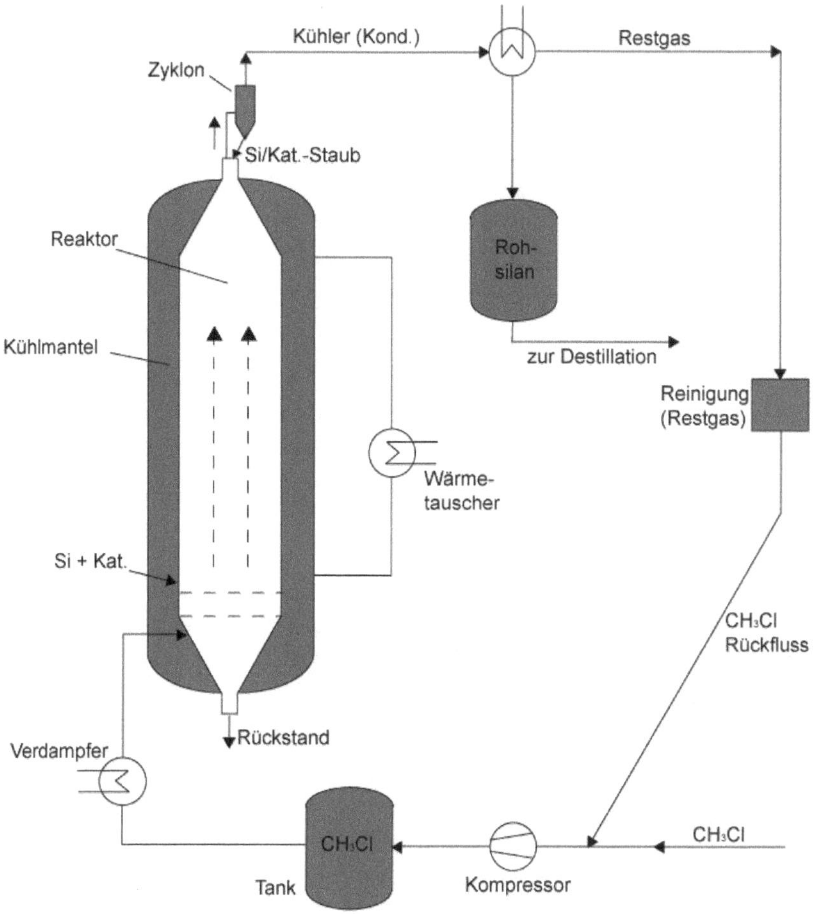

Bild 2.1 Syntheseprozess nach dem Müller-Rochow-Verfahren zur Herstellung von Dimethyldichlorsilan nach [Bertau 2013]

Bei der Destillation wird reines Dimethyldichlorsilan gewonnen, welches für die Synthese von Polydimethylsiloxan benötigt wird. Das Nebenprodukt Trimethylchlorsilan kann in Anwesenheit von Friedel-Crafts-Katalysatoren mit dem ebenfalls als Nebenprodukt anfallenden Methyltrichlorsilan zu Dimethyldichlorsilan umgesetzt werden. Dieses kann wiederum für die Synthese von Polydimethylsiloxan eingesetzt werden. Die als Nebenprodukte anfallenden Silane (Methyltrichlorsilan und Methylhydrogendichlorsilan) können zusätzlich genutzt werden, um Methylphenyldichlorsilan zu synthetisieren. Phenylchlorsilane werden ebenfalls zur Herstellung von Silikonen genutzt (Bild 2.2) [Bertau 2013, Shit 2013].

Im zweiten Schritt wird das Dimethyldichlorsilan durch Zugabe von Wasser zuerst hydrolysiert, wobei cyclisches Dimethylsiloxan mit Salzsäure als Nebenprodukt entsteht [Moretto 2000, Bertau 2013, Shit 2013]. Die Salzsäure kann wiederum zur Synthese von Chlormethan verwendet werden, welches im ersten Schritt benötigt wird.

Das cyclische Dimethylsiloxan wird durch eine Ringöffnungspolymerisation zu Polydimethylsiloxan synthetisiert. Dabei wird $Me_3SiO^-K^+$ als Initiator verwendet [Moretto 2000, Bertau 2013]. Die Verwendung unterschiedlicher Initiatoren sorgt für unterschiedliche Endgruppen an den Polymerketten (vgl. Abschnitt 2.3 und Abschnitt 2.7).

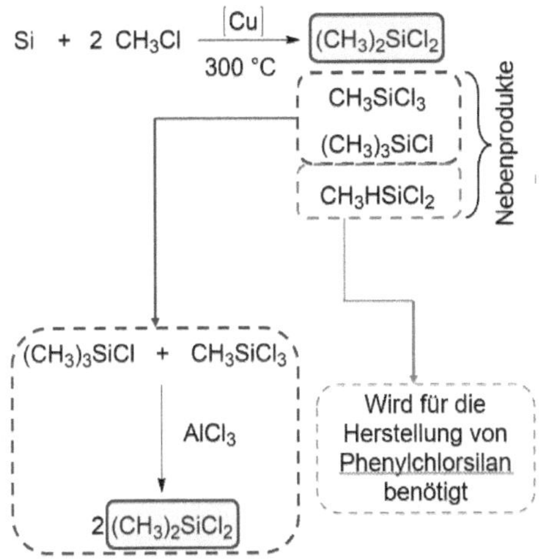

Bild 2.2 Reduktion von Silicium zu Dimethyldichlorsilan sowie den Nebenprodukten Methyltrichlorsilan, Trimethylchlorsilan und Methylhydrogendichlorsilan

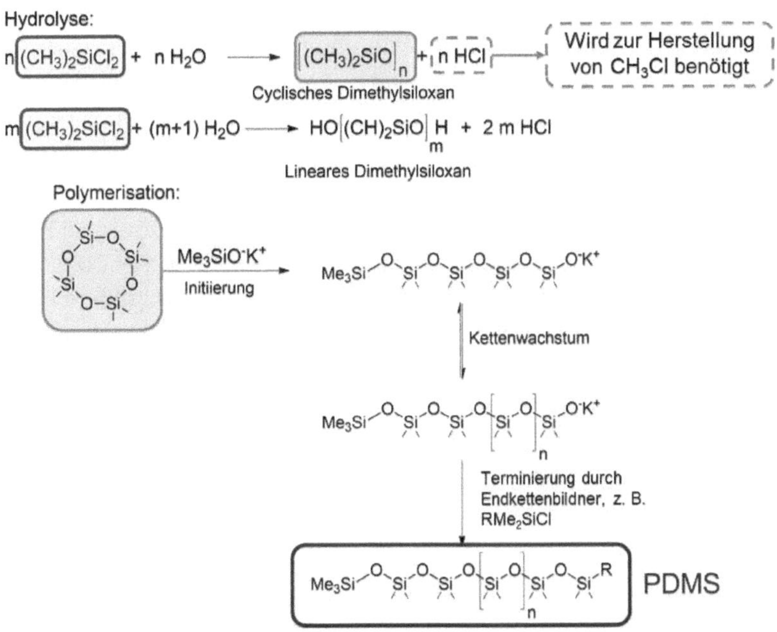

Bild 2.3 Hydrolysereaktion von Dimethyldichlorsilan zu zyklischem Dimethylsiloxan und Ringöffnungspolymerisation zur Herstellung von Polydimethylsiloxan (PDMS)

2.2 Chemischer Aufbau

Das Grundgerüst von Polysiloxan basiert auf einer Kette aus alternierenden Silicium- und Sauerstoffatomen, wobei an dem Silicium verschiedene funktionelle Gruppen R angebracht sein können (s. Bild 2.3). Diese unterscheiden sich je nach der Anwendung bzw. nach den verwendeten Vernetzungsmechanismen (vgl. Abschnitt 2.7).

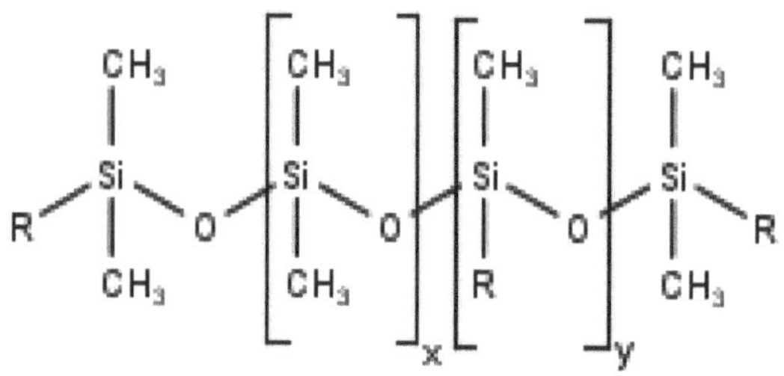

Bild 2.4
Polysiloxan

Aufgrund der umfangreichen Delokalisierung der σ-Elektronen entlang der Si-O-Hauptkette ergeben sich bei Polysiloxanen einzigartige Eigenschaften, die durch die Art der Substituenten, das Molekulargewicht sowie die Polymerkonformation beeinflusst werden. Da die Bindungsenergie der Si-O-Si-Bindung mit 451 kJ/mol größer ist als die von C–C-Bindungen mit 352 kJ/mol [N.N.1], ergibt sich im Vergleich zu organischen Polymeren eine deutlich bessere Beständigkeit gegenüber thermischen Einflüssen und weiteren Umweltfaktoren (z. B. UV-Licht und Gammastrahlung). Ebenfalls unterschiedlich zu den C–C-Bindungen ist der aufgeweitete Bindungswinkel von 143° (Si-O-Si), wohingegen der Bindungswinkel C–C–C 120° beträgt. Der Bindungswinkel O-Si-O beträgt 110° (s. Bild 2.5) [N.N.1]. Durch den aufgeweiteten Si-O-Si-Bindungswinkel ergibt sich die Glasübergangstemperatur von –127 °C sowie das charakteristische Dämpfungsverhalten und die kurze Relaxationszeit.

Aufgrund der Bindungslängen von 164 pm (Si-O) bzw. 189 pm (Si-C) ergibt sich in Kombination mit dem flexiblen Bindungswinkel die hohe Kettenflexibilität von PDMS, die wiederum für die niedrige Viskosität verantwortlich ist. Aufgrund der größeren Bindungslängen besitzen Silikonkautschuke eine hohe Gasdurchlässigkeit sowie niedrigere inter- und intramolekulare Wechselwirkungen als organische Polymere (C–C-Bindungslänge: 153 pm). Zusätzlich bewirkt die Bindungslänge, dass es sich um ein hydrophobes Material handelt. Durch die Zugabe von Füllstoffen werden die Kettenbeweglichkeit und damit auch die Wechselwirkungen und die Gasdurchlässigkeit eingeschränkt [Shit 2013].

Bild 2.5 3D-Struktur von PDMS, lila: Si-Atome, rot: O-Atome, grau: C-Atome, weiß: H-Atome

Silicium mit zwei Sauerstoffatomen und zwei organofunktionellen Gruppen, wie es bei Polydimethylsiloxan vorliegt, wird häufig mit D bezeichnet, da es an zwei Sauerstoffatome gebunden ist. Auf eine ähnliche Weise können auch die Bezeichnungen M, T und Q den folgenden Strukturen zugeordnet werden (s. Bild 2.6) [Shit 2013]. Dabei handelt es sich um mono- (M), tri- (T) bzw. tetra- (Q) funktionelle Siloxaneinheiten. Bei Q-Einheiten handelt es sich um ein konstituiertes Netzwerk, das Quarzglas entspricht. Verzweigte Polysiloxane können aus den T- und Q-Einheiten gewonnen werden und entsprechen der Bauform $[M_nD_mT_n]$. Cyclische Polymere sind ringförmig und aus difunktionellen Siloxanen hergestellt und gehören zur Bauform $[D_n]$ [Kroke Wintersemester 2018/19].

Für die Herstellung von LSR und HCR werden lineare Polysiloxane verwendet mit der Bauform $[MD_nM]$ bzw. $R_3SiO[R_2SiO]_nSiR_3$, beispielsweise als Polydimethylsiloxan (PDMS).

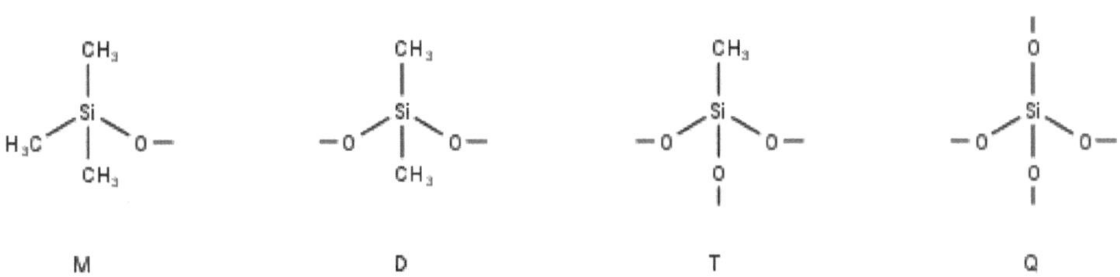

Bild 2.6 Kennung von verschiedenen Silikonstrukturen

Die häufigste funktionelle Gruppe R in ist die Methylgruppe CH_3. Je nach Anwendungsgebiet und Vernetzungsmechanismus finden sich auch häufig noch Vinylgruppen, Phenylgruppen, Wasserstoff und Fluorpropyl als funktionelle Gruppen.

2.3 Polysiloxane

Die Benennung von Polysiloxanen wird in der ISO 1629 genauer definiert und für die Silicium-Sauerstoffkette wird dort der Buchstabe Q eingesetzt. In der ISO 1043-1 hingegen wird für Silikonpolymere SI verwendet [Röthemeyer 2013].

Je nach Substituenten werden links vor dem Schlussbuchstaben Q ein oder mehrere weitere Buchstaben hinzugefügt. Die gängigsten sind in der folgenden Tabelle 2.1 aufgelistet. Bei Copolymeren sind die jeweiligen Anteile mit aufgeführt [Röthemeyer 2013].

Tabelle 2.1 Bezeichnung von Polysiloxanen nach ISO 1629 nach [Röthemeyer 2013]

Kennzeichen nach ISO 1629	Chemische Struktur (bei Copolymeren mit den Anteilen in Mol-%)
Q	Polysiloxan
MQ	Polydimethylsiloxan (PDMS)
VMQ	Copolymer von Dimethylsiloxan (99,5) und Vinylmethylsiloxan (0,5)
PMQ	Copolymer von Dimethylsiloxan (85 bis 95) und Phenylmethylsiloxan (5 bis 15)
PVMQ	Terpolymer von Dimethylsiloxan (85 bis 95), Vinylmethylsiloxan (0,5) und Phenylmethylsiloxan (5 bis 10)
FVMQ	Terpolymer von Dimethylsiloxan (10 bis 60), Vinylmethylsiloxan (0,5) und Trifluorpropylmethylsiloxan (40 bis 90)
–	Copolymer von Dimethylsiloxan und Methylhydrogensiloxan

Verwendung findet VMQ als Vernetzer in platinvernetzenden Silikonkautschuken sowie in peroxidvernetzenden Systemen. Bei der Vernetzung mittels Platinkatalysator wird zusätzlich noch das Copolymer aus Dimethylsiloxan und Methylhydrogensiloxan benötigt (vgl. Abschnitt 2.7).

PMQ wird in LSR für selbsthaftende Varianten sowie für ölausschwitzende Systeme verwendet, da das Copolymer aufgrund der Phenylgruppe zur Migration neigt. FVMQ verfügt aufgrund der Fluorpropylgruppe über eine bessere Beständigkeit gegenüber Ölen und Kraftstoffen [Cornelius 1985].

2.4 Kieselsäuren

Ungefüllte, vernetzte Polysiloxane weisen nur sehr geringe mechanische Eigenschaften auf, weshalb häufig Kieselsäuren als aktive Füllstoffe eingesetzt werden. Dadurch können die mechanischen Eigenschaften wie beispielsweise die Reißfestigkeit um das 50-Fache auf 12 MPa gesteigert werden [Flörke 2000].

Aus chemischer Sicht werden unter Kieselsäuren die Sauerstoffsäuren des Siliciums verstanden. Dazu zählt als einfachste Kieselsäure $Si(OH)_4$ als Monokieselsäure bzw. Orthokieselsäure. Diese schwache Säure neigt zur Polykondensation und kann unter Abspaltung von Wasser Di- bzw. Trikieselsäuren ($(HO)_3Si–O–Si(OH)_3$ bzw. $(HO)_3Si–O–Si(OH)_2–O–Si(OH)_3$) bis hin zu Metakieselsäure (Polymere) bilden (s. Bild 2.7). Dabei bilden sich amorphe Kolloide aus, die auch als Kieselsol bekannt sind.

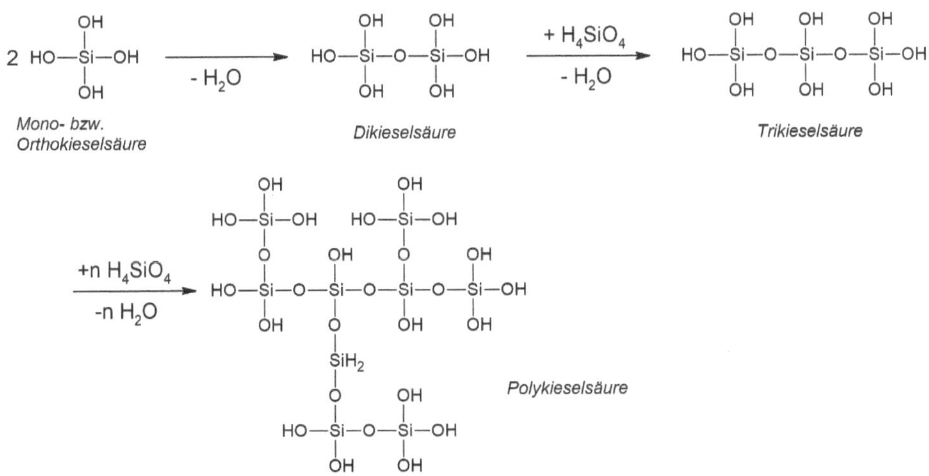

Bild 2.7 Polykondensation von Monokieselsäure zu Polykieselsäure

Wird bei der Kieselsäure über eine chemische Reaktion (Kondensation) Wasser technisch entfernt, so können Kolloide (pyrogene Kieselsäure) hergestellt werden, die die Summenformel SiO_2 haben. Formal wird diese Summenformel angegeben, jedoch liegen keine isolierten SiO_2-Moleküle vor (vgl. Abschnitt 2.4.1). Es handelt sich damit um ein amorphes Siliciumdioxid (= Kieselsäureanhydrid), das im deutschen Sprachgebrauch häufig als Kieselsäure bezeichnet wird, obwohl es sich eigentlich um pyrogenes Siliciumdioxid handelt. Da sich diese Bezeichnung über Jahre etabliert hat, wird sie in diesem Buch entsprechend verwendet.

2.4.1 Aufbau, Struktur und Eigenschaften

Wie bereits oben geschrieben liegen bei der Kieselsäure die Moleküle nicht isoliert vor. Es kann hingegen beobachtet werden, dass ein Siliciumatom mit vier Sauerstoffatomen kovalente Bindungen eingeht. Unter Berücksichtigung der Oktettregel bilden sich dadurch Tetraeder aus, die als Grundgerüst eines makromolekularen Netzwerkes dienen. Bei den synthetischen Kieselsäuren, die in diesem Kapitel behandelt werden, sind die SiO_2-Tetraeder unregelmäßig, also amorph, angeordnet. Beispiele für regelmäßig angeordnete Tetraeder sind Quarz bzw. Crystobalit, bei denen es sich um Kristallstrukturen handelt [N.N. 07-2015].

Die Struktur bzw. der Aufbau der Kieselsäuren lässt sich in zwei Hauptbereiche unterteilen. Zum einen ist es die Partikelgröße und zum anderen sind es die funktionellen Gruppen an der Oberfläche, wodurch die Eigenschaften und Einsatzgebiete verändert werden [N.N. 07-2015].

Es muss bei der Größe der Kieselsäuren zwischen der Partikelgröße und der Agglomeratgröße unterschieden werden, da sich die Partikel zu größeren Agglomeraten zusammenschließen. Die Partikelgröße kann über Rasterelektronenmikroskopie bzw. mittels Transmissionselektronenmikroskopie ermittelt werden. Diese sind jedoch sehr aufwendig und decken meist nur einen kleinen Anteil ab [N.N. 07-2015].

Die Agglomerate liegen meist zwischen 4 µm und 200 µm, wobei eine Größenverteilung vorliegt. Ein Unterschied konnte bei der Verteilungsbreite zwischen gefällten Kieselsäuren und pyrogenen Kieselsäuren ermittelt werden, wobei die gefällten Kieselsäuren eine breitere Verteilung aufweisen. Diese Werte beruhen auf Untersuchungen nach einer Dispergierung im Luftstrom. Werden die Kieselsäuren hingegen in Medien dispergiert, so hängen die Verteilungsbreiten und Größen von den eingesetzten Dispergierverfahren ab [N.N. 07-2015].

Neben der Betrachtung der Partikel- bzw. Agglomeratgrößen hat sich zusätzlich die spezifische Oberfläche als charakteristische Eigenschaft etabliert, da diese einfacher zu ermitteln ist. Hier wird am häufigsten die Ermittlung über Gasadsorption verwendet. Dabei erfolgt die Messung der Adsorption von Gasen an hochdispersen Feststoffen aufgrund von physikalischen Wechselwirkungen. Für Kieselsäuren wird die BET-Methode nach Brunauer, Emmett und Teller verwendet. Dabei wird die äußere sowie die bei porösen Stoffen zugängliche innere Oberfläche bestimmt [N.N. 07-2015].

Eine alternative Ermittlungsmethode ist das BJH-Verfahren nach Barrett, Joyner und Halenda; es basiert auf Isothermendaten. Es misst die Verteilung von Mesoporen [N.N. 07-2015].

Je nach spezifischer Oberfläche verändern sich die Eigenschaften der Kieselsäuren. Beispielsweise weisen höhere spezifische Oberflächen in Silikonkautschuken eine höhere Transparenz auf [N.N. 07-2015].

Weitere charakteristische Eigenschaften sind die Stampfdichte, der Trockenverlust, der Glühverlust, der pH-Wert, der Gehalt an Fremdoxiden, der Chloridgehalt sowie der Siebrückstand nach Mocker. Diese Eigenschaften variieren vor allem in Abhängigkeit des Herstellverfahrens [N.N. 07-2015]. Tabelle 2.2 zeigt die charakteristischen Eigenschaften von pyrogener und gefällter Kieselsäure.

Tabelle 2.2 Vergleich der Eigenschaften von pyrogener und gefällter Kieselsäure [N.N. 07-2015]

Eigenschaft	Einheit	Pyrogene Kieselsäure	Fällungskieselsäure
spez. Oberfläche nach BET [1)]	m^2/g	50 bis 500	30 bis 800
mittlere Primärteilchengröße	nm	5 bis 50	5 bis 100
Aggregat- bzw. Agglomeratgröße	µm	[7)]	1 bis 40
Stampfdichte [2)]	g/l	50 bis 250	50 bis 500
Trocknungsverlust [3)]	%	≤3	3 bis 7
Glühverlust [4)]	%	3,5 bis 5,5	3 bis 7
pH-Wert [5)]		3 bis 5	5 bis 9
Porendurchmesser	nm	nicht porös	≥30 [6)]
Porendurchmesser-Verteilung		[7)]	sehr weit

1) in Anlehnung an ISO 9277
2) in Anlehnung an ISO 787/11
3) in Anlehnung an ISO 787/2
4) in Anlehnung an ISO 3262/20
5) in Anlehnung an ISO 787/9
6) in Ausnahmefällen kleiner
7) nicht anwendbar (stark von der Dispergierbedingung abhängig)

Die in der Flammhydrolyse hergestellten Kieselsäuren sind aufgrund ihrer an ihrer Oberfläche befindlichen Silanolgruppen (Si-OH) hydrophil. Durch gezielte Nachbehandlungen mit verschiedenen Silanen, Silazanen oder Siloxanen können funktionelle Gruppen auf die frei zugängliche Oberfläche der Kieselsäuren aufgebracht werden. Diese können je nach gewünschtem Einsatzgebiet sehr unterschiedlich sein. Beispielsweise können hydrophobe Kieselsäuren hergestellt werden [N.N. 07-2015].

2.4.2 Herstellungsverfahren

Grundsätzlich wird zwischen zwei industriell eingesetzten Verfahren zur Herstellung unterschieden. Dabei handelt es sich um die Flammenhydrolyse, bei der die pyrogene Kieselsäure produziert wird, und das nasschemische Verfahren, bei dem die Fällungskieselsäure entsteht.

2.4.2.1 Nasschemisch (Fällungskieselsäure)

Die nasschemische Herstellung von Kieselsäure unterteilt sich in folgende Schritte: Fällung, Filtration, Trocknung, Schleifen und optional Verdichten und Granulieren. Für den Schritt der Fällung gibt es verschiedene Syntheserouten, wobei die industriell am häufigsten eingesetzte im Folgenden beschrieben wird. Dazu wird eine wässrige Alkalimetallsilikatlösung mit Schwefelsäure umgesetzt. Dies läuft nach der folgenden chemischen Reaktionsgleichung ab:

$$Na_2O \cdot 3.3\ SiO_2 + H_2SO_4 \rightarrow 3.3\ SiO_2 + Na_2SO_4 + H_2O$$

Je nach eingesetztem Equipment und Prozessparametern (z. B. pH-Wert, Temperatur und Dauer) können die Eigenschaften variiert werden. Industriell am häufigsten eingesetzt wird das Batch-Verfahren, wobei aber auch kontinuierliche Verfahren existieren. Bei dem Batch-Verfahren werden die Säure und die Alkalimetallsilikatlösung in einen Rührkessel mit Wasser eingeleitet. Unter Rühren bilden sich während der Reaktion anfangs dreidimensionale Kieselnetzwerke, die ausfallen und zu einem Viskositätsanstieg führen. Durch weitere Ausfällung werden diese zu oligomeren Kieselsäuren ausgebildet und wachsen im weiteren Verlauf zu einzelnen Partikeln, wobei die Viskosität wieder abnimmt. Im Nachgang werden die Partikel gewaschen, um die Reste des Salzes zu entfernen, gefiltert, getrocknet und je nach Anwendung gegebenenfalls gemahlen [Flörke 2000].

2.4.2.2 Flammenhydrolyse (pyrogene Kieselsäure)

Das Verfahren zur Herstellung der pyrogenen Kieselsäure mittels Flammenhydrolyse wurde im Jahr 1942 bei der Degussa AG, heute eingegliedert in die Evonik Industries AG, entwickelt, patentiert und unter dem Produktnamen Aerosil vertrieben. Mittlerweile finden sich mit Wacker Chemie AG (HDK), Cabot Corporation (Cab-O-Sil), Heraeus (Zandosil) und Tokuyama Corporation (Reolosil) weitere Hersteller. Bei dem von Harry Kloepfer entwickelten Verfahren wird Siliciumtetrachlorid ($SiCl_4$) mit Knallgas ($H_2 + O_2$) in einer Hochtemperaturpyrolyse umgesetzt. Die Reaktion findet in Anwesenheit eines Inertgases bei Temperaturen oberhalb von 1500 °C statt, indem ein homogenes Gemisch aus dampfförmigem $SiCl_4$, H_2, O_2 und dem Inertgas in einem Verbrennungsraum verbrannt wird. Dabei entsteht Salzsäure als Nebenprodukt. In der Flamme entstehen zuerst tröpfchenartige Siliciumdioxidpartikel, die sich kettenartig aneinanderlagern. Im weiteren Verlauf bilden sich so Verzweigungen und dementsprechend dreidimensionale Sekundärpartikel, die sich im Folgenden zu Tertiärpartikeln zusammenschließen. Durch die Variation der Reaktionsparameter (Flammenzusammensetzung und -temperatur) können die Eigenschaften der Kieselsäure eingestellt werden. Das Ergebnis ist ein weißes Pulver mit einer hohen spezifischen Oberfläche und sehr geringen Schüttdichte. Die Oberfläche von pyrogener Kieselsäure variiert zwischen 50 und 400 m^2/g.

$$2\ H_2 + O_2 \rightarrow 2\ H_2O$$

$$SiCl_4 + 2\ H_2O \rightarrow SiO_2 + 4\ HCl$$

Neben der Flammenhydrolyse werden zusätzlich das Lichtbogenverfahren und das Plasmaverfahren zur Herstellung von pyrogener Kieselsäure eingesetzt [Flörke 2000].

2.4.3 Einsatzgebiete von Kieselsäuren

Die Einsatzgebiete von synthetischen Kieselsäuren sind sehr weitreichend und universell. Ein Haupteinsatzgebiet ist die Verstärkung von Elastomeren (z. B. LSR, HCR, RTV, Fluorelastomere, Naturkautschuk und Styrol-Butadien-Kautschuk). Durch die Zugabe von Kieselsäuren werden sowohl die mechanischen Eigenschaften als auch die Kratzfestigkeit erhöht. Zusätzlich bietet sich Kieselsäure in transparenten Silikonkautschuken als verstärkende Komponente an, da die Transparenz erhalten bleibt [N.N. 07-2015].

In Lacken und dünnflüssigen Dispersionen werden Kieselsäuren als Verdickungsmittel eingesetzt, wodurch die rheologischen Eigenschaften angepasst werden. Dadurch kann beispielsweise bei Lacken aufgrund einer scherverdünnten Wirkung ein gleichmäßiges Auftragen gewährleistet werden. Nach der mechanischen Belastung beim Auftragen erhöht sich die Viskosität wieder und ein Ablaufen auf senkrechten Flächen wird verhindert. Zusätzlich wird durch dieses thixotrope Verhalten ein Absetzen von Farbpartikeln während der Lagerung reduziert [N.N. 07-2015].

Ein weiteres Anwendungsgebiet von Kieselsäure als Füllstoff ist die Hitzestabilisierung von Elastomeren. Dazu werden als zusätzliche Additive jedoch Metalloxide (z. B. TiO_2) hinzugegeben [N.N. 07-2015].

Weitere Einsatzgebiete sind in der Lebensmittelindustrie beispielsweise als Rieselhilfe von Gewürzen zu finden, wobei das Verklumpen von Pulvern reduziert wird. Ein weiterer Vorteil ist, dass Kieselsäuren geschmacksneutral sind und die natürlichen Farben der Produkte nicht verändern. Zusätzlich werden Kieselsäuren auch in der pharmazeutischen Industrie als Fließregulierungsmittel eingesetzt [N.N. 07-2015].

2.5 Weitere Füllstoffe

Je nach Einsatzgebiet der Silikonkautschuke werden spezifische Eigenschaften benötigt, die durch Füllstoffe eingestellt werden. So werden optischen Silikonkautschuken Silikonharzpartikel anstelle von Kieselsäuren hinzugefügt, um die benötigte Transparenz zu gewährleisten.

Ebenfalls können inerte Füllstoffe eingesetzt werden, um die Kosten zu senken. Hierzu zählen Quarzpulver, Kieselgur, Kieselerden und andere Kreiden (z. B. Talkum, Kalzium- oder Zirkoniumsilikate). Durch eine Oberflächenmodifizierung mit speziellen Silanen als Haftvermittler kann der Abfall der mechanischen Eigenschaften (Härte und Modul) teilweise kompensiert werden. Inerte Füllstoffe können zusätzlich zur Kostensenkung dazu genutzt werden, die Wärmeleitfähigkeit zu erhöhen [Moretto 2000].

Durch die Zugabe von (Leit-)Rußen, Kohlenstofffasern oder Metallpulvern können zudem elektrisch leitfähige Silikonkautschuke hergestellt werden [Moretto 2000].

2.6 Additive

Silikonkautschuken können je nach Anwendung unterschiedliche Additive hinzugefügt werden. Im Folgenden wird näher auf Inhibitoren und Katalysatoren eingegangen. Die Vernetzer werden in Abschnitt 2.7 näher erklärt, weshalb hier nicht näher darauf eingegangen wird.

2.6.1 Inhibitor

Bei der Additionsvernetzung werden üblicherweise Inhibitoren eingesetzt, da die Vernetzungsreaktion zwischen dem Wasserstoff und der Vinylgruppe (vgl. Abschnitt 2.7.2) bereits bei Raumtemperatur stattfindet. Bei LSR wird der Inhibitor zusätzlich benötigt, um die Verarbeitungszeit im Werkzeug zu gewährleisten.

Bei dem Inhibitor handelt es sich um Alkinole (z. B. 2-Methyl-3-butin-2-ol bzw. 1-Ethinyl-1-cyclohexanol). Alkinole klassifizieren sich durch eine C–Dreifachbindung sowie eine OH-Gruppe. Der Mechanismus, wie der Inhibitor wirkt, ist bisher noch nicht bewiesen worden. Es gibt aktuell zwei Hypothesen. Bei der ersten Hypothese wird der Inhibitor in das Netzwerk eingebaut, bevor die Vinylgruppe reagieren kann. Bei der zweiten Hypothese wird davon ausgegangen, dass der Inhibitor durch die erhöhte Temperatur während der Vernetzungsreaktion verdampft und dadurch aus dem Silikon entfernt wird [Karlsson 2001, Faglioni 2002, Delebecq 2012].

2.6.2 Katalysator

Je nach Vernetzungssystem werden unterschiedliche Katalysatoren hinzugegeben. Bei der Additionsvernetzung werden Platinkomplexe eingesetzt, die im geringen ppm-Bereich hinzugegeben werden. Industriell wird am häufigsten der Karstedt-Katalysator (Platinum(0), 1,3-divinyl-1,1,3,3-tetramethyldisiloxane complexes) verwendet, da dieser hochaktiv und selektiver als andere Pt-Katalysatoren sein soll.

Je nach Endanwendung oder Verarbeitung kann der Pt-Katalysator angepasst werden. Für die Additionsvernetzung mittels UV-A-Licht anstelle von höheren Temperaturen wird ein UV-sensibler Katalysator benötigt. Hier wird häufig Trimethyl-(methylcyclopentadienyl)-platin(IV) ($MeCpPtMe_3$) eingesetzt.

Bei extrudierten Hochleistungs-Silikonsystemen wird alternativ zum Karstedt-Katalysator der Ashby-Katalysator (Methylvinylcyclosiloxan – Platin(0)) eingesetzt, da sich dieser für die Aushärtung bei höheren Temperaturen eignet [N.N.2, Hornig 2017].

Weitere Pt-Katalysatoren für die Hydrosilylierungsreaktion sind in [Hornig 2017] beschrieben.

Bei der Kondensationsvernetzung werden üblicherweise Metallkatalysatoren (Sn oder Ti) hinzugegeben, um eine vollständige Vernetzung und bessere Eigenschaften zu garantieren.

2.6.3 Stabilisatoren

Für Silikonkautschuke werden drei Arten von Stabilisatoren eingesetzt. Dabei handelt es sich um Heißluftstabilisatoren, Flammschutzmittel sowie Stabilisatoren gegen Depolymerisation aufgrund von Feuchtigkeit.

Die Heißluftstabilisatoren werden für extreme Anwendungen wie beispielsweise Turboladerschläuche eingesetzt. Dabei werden Oxide von Übergangsmetallen sowie die Salze verschiedener Metalle (z. B. Eisen, Titan und Nickel) oder auch spezielle Ruße eingesetzt. Bei LSR sind dadurch Temperaturbeständigkeiten bis 275 °C und bei HCR bis 300 °C realisierbar. Dabei wird eine Vernetzung von Hydroxylradikalen in heißer Luft (> 220 °C) unterdrückt [Moretto 2000, N.N. 05-2021].

Da die Einwirkung von Wasser, Säuren und Basen zu einer Depolymerisation führt, können erdalkalische Silikate, bestimmte amphotere Hydroxide sowie bestimmte organische Polymere als spezielle Stabilisatoren eingesetzt werden, um die Depolymerisation des Siloxanpolymernetzwerkes zu verhindern [Moretto 2000].

Um das weitere Brennen nach der Entzündung zu hemmen, werden Flammschutzmittel eingesetzt. Konventionelle Produkte dafür sind halogenhaltige Aromaten mit Sb_2O_3 oder $Al(OH)_3$ mit Zinkborat. Silikonspezifische Flammschutzmittel sind meist TiO_2, Fe_2O_3 oder Ruß sowie bestimmte Stickstoffverbindungen. Letztere können jedoch aufgrund einer inhibierenden Wirkung nicht bei additionsvernetzenden Systemen eingesetzt werden [Moretto 2000].

2.6.4 Weitere Additive

Da Silikonkautschuk transparent ist, kann es sehr gut eingefärbt werden. Silikonhersteller bieten in der Regel passend zu ihren Produkten auch Farbpasten an. Für HCR sind diese hochviskos bzw. pastös, sodass sie gut am Walzwerk eingearbeitet werden können. Für LSR sind sie niedrigviskoser eingestellt, damit sie über eine Farbdosierung gefördert werden können. Empfohlen sind meist 1 – 2 % Farbpaste.

Zusätzlich können Haftvermittler hinzugefügt werden, um während der Verarbeitung eine Haftung zu verschiedenen Substraten zu erzeugen. Beim Spritzgießprozess kann dadurch beispielsweise eine Haftung zu Thermoplasten erzeugt werden (vgl. Abschnitt 6.5.6). Der bekannteste Haftvermittler ist GPTMS (Glycidoxypropyltrimethoxysilan). Dabei handelt es sich um ein bifunktionelles Silan, bei dem eine funktionelle Gruppe mit dem Silikonkautschuk wechselwirkt und die andere funktionelle Gruppe mit dem Substrat.

Weiterhin gibt es ölausschwitzende Silikonelastomere, bei denen phenylterminierte Siloxane als Additiv hinzugefügt werden. Durch die Unverträglichkeit zwischen der Phenylgruppe und dem Silikonkautschuk migrieren die phenylterminierten Siloxane langsam an die Oberfläche und sorgen damit für eine langanhaltende Schmierung des Elastomers.

2.7 Vernetzungsmechanismen

Es wird zwischen drei verschiedenen Vernetzungsmechanismen unterschieden. Dabei handelt es sich um die radikalische Vernetzung mit Peroxiden, die Additionsvernetzung und die Kondensationsvernetzung. Sie unterscheiden sich dabei in der Vernetzungstemperatur und dem Einsatzbereich. Zusätzlich werden je nach Vernetzungstyp unterschiedliche funktionelle Gruppen an dem Polysiloxan (vgl. Abschnitt 2.3) sowie unterschiedliche Additive benötigt.

2.7.1 Peroxidbasierte radikalische Vernetzung

Die radikalische Vernetzung mit Peroxiden kommt hauptsächlich bei Festsilikonkautschuk zum Einsatz. Der Mechanismus ist in Bild 2.8 dargestellt und startet mit der thermisch initiierten Spaltung des Peroxids. Typisch eingesetzte Peroxide werden in die Gruppen der Diaroylperoxide, Dialkylperoxide, Diaralkylperoxide, Alkylaroylperoxide und Alkylaylperoxide eingeteilt. Bei den Diaroylperoxiden handelt es sich um vinylspezifische Peroxide. Das bedeutet, dass diese nicht in der Lage sind, Silikonkautschuke ohne Anteile an Vinylgruppen (Abschnitt 2.2) zu vernetzen. Die anderen Gruppen gehören zu den nicht vinylspezifischen Peroxiden und können jeden Silikonkautschuk-Typ vernetzen. Zu den am häufigsten industriell eingesetzten Peroxiden gehört das Di(2,4-Dichlorobenzoyl)peroxid, das der Gruppe der Diaroylperoxide angehört. Ebenfalls sehr häufig im Einsatz ist das Dicumylperoxid, welches für technische Formteile eingesetzt wird und der Gruppe der Dialkylperoxide angehört [Verheyen 2020].

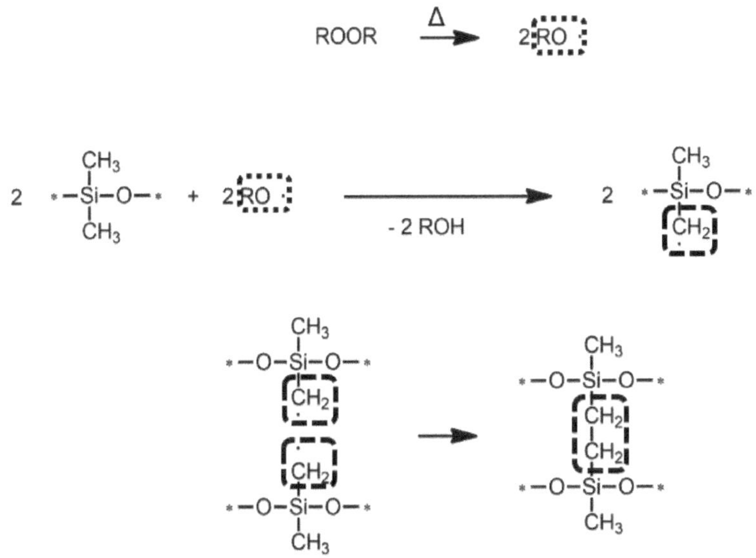

Bild 2.8 Schematische Darstellung der radikalischen Vernetzung mit Peroxiden

Die im ersten Reaktionsschritt erzeugten Peroxidradikale greifen die Methyl- bzw. Vinylgruppen der Polysiloxane an, wobei der Wasserstoff den Bindungspartner wechselt und Radikale an der Polysiloxankette gebildet werden. Dabei entstehen niedermolekulare Moleküle (ROH), die als Rest in dem Silikonkautschuk verbleiben. Um diese Reste zu entfernen, wird nach der Vernetzung eine Wärmebehandlung, auch Temperschritt genannt, nachgeschaltet [Verheyen 2020].

Treffen im nächsten Reaktionsschritt zwei der in den Polysiloxanketten gebildeten Radikale aufeinander, verbinden sich die einzelnen Elektronen zu einer Elektronenbindung zwischen den Kohlenstoffatomen und die Vernetzungsstelle ist ausgebildet.

2.7.2 Platinkatalysierte Additionsvernetzung

Die platinkatalysierte Additionsvernetzung kommt bei allen Silikonkautschukarten zum Einsatz, da je nach Anteil an Katalysator und Inhibitor sowohl bei Raumtemperatur als auch bei höheren Temperaturen eine Vernetzung stattfindet. Um die Haltbarkeit zu erhöhen, werden bei diesem Vernetzungssystem überwiegend zweikomponentige Systeme angeboten, die kurz vor der Verarbeitung vermischt werden.

Bei dieser Additionsvernetzung handelt es sich um eine Hydrosilylierung, bei der ein wasserstofffunktionalisiertes Silan (Si-H) in Anwesenheit eines Platin(0)-Katalysators mit einer Vinylgruppe ($Si\text{-}CH{=}CH_2$) reagiert. Der am häufigsten in der Industrie eingesetzte Katalysator ist der Karstedt-Katalysator ($Pt_2[(Me_2SiCH{=}CH_2)_2O]_3$). In Bild 2.9 ist der Vernetzungsmechanismus nach dem Chalk-Harrod-Katalysezyklus schematisch dargestellt. Dabei wird im ersten Schritt der Katalysator aktiviert, indem er mit der Vinylgruppe des Polysiloxans wechselwirkt. Im nächsten Schritt findet eine oxidative Addition des wasserstoffsubstituierten Vernetzers an den Platinkomplex statt, wobei die Si-H-Bindung aufgespalten wird. Durch die anschließende Insertion wird die angelagerte Vinylgruppe aufgebrochen und der Wasserstoff lagert sich dort an, woraufhin eine reduktive Eliminierung ermöglicht wird und sich das Si des Vernetzers an die C–C-Bindung anknüpft. Dabei wird der Platinkomplex abgespalten und steht für die nächste Vernetzungsreaktion wieder zur Verfügung. Diese Reaktion ist sehr empfindlich gegenüber Schwefel und Aminen, da diese als Gift für den Katalysator wirken.

2.7.3 Kondensationsvernetzung

Die Kondensationsvernetzung wird hauptsächlich bei RTV-Silikonen (vgl. Kapitel 3) eingesetzt, wobei sowohl die einkomponentigen als auch die zweikomponentigen Systeme hierüber vernetzt werden können. Anders als bei den vorherigen Vernetzungsarten werden hier (endständige) Hydroxylgruppen am Polysiloxan sowie ein tri- oder tetrafunktionelles Silan als Vernetzer benötigt. Je nach Art des Systems können die funktionellen Gruppen am Silan variieren. Dabei kann das System basisch, neutral oder sauer sein. Der Vernetzungsmechanismus ist in Bild 2.10 dargestellt. Hierbei wird Wasser, meist in Form von Luftfeuchtigkeit, als Katalysator benötigt. Je nach funktioneller Gruppe am Silan entstehen unterschiedliche Spaltprodukte wie beispielsweise Essigsäure.

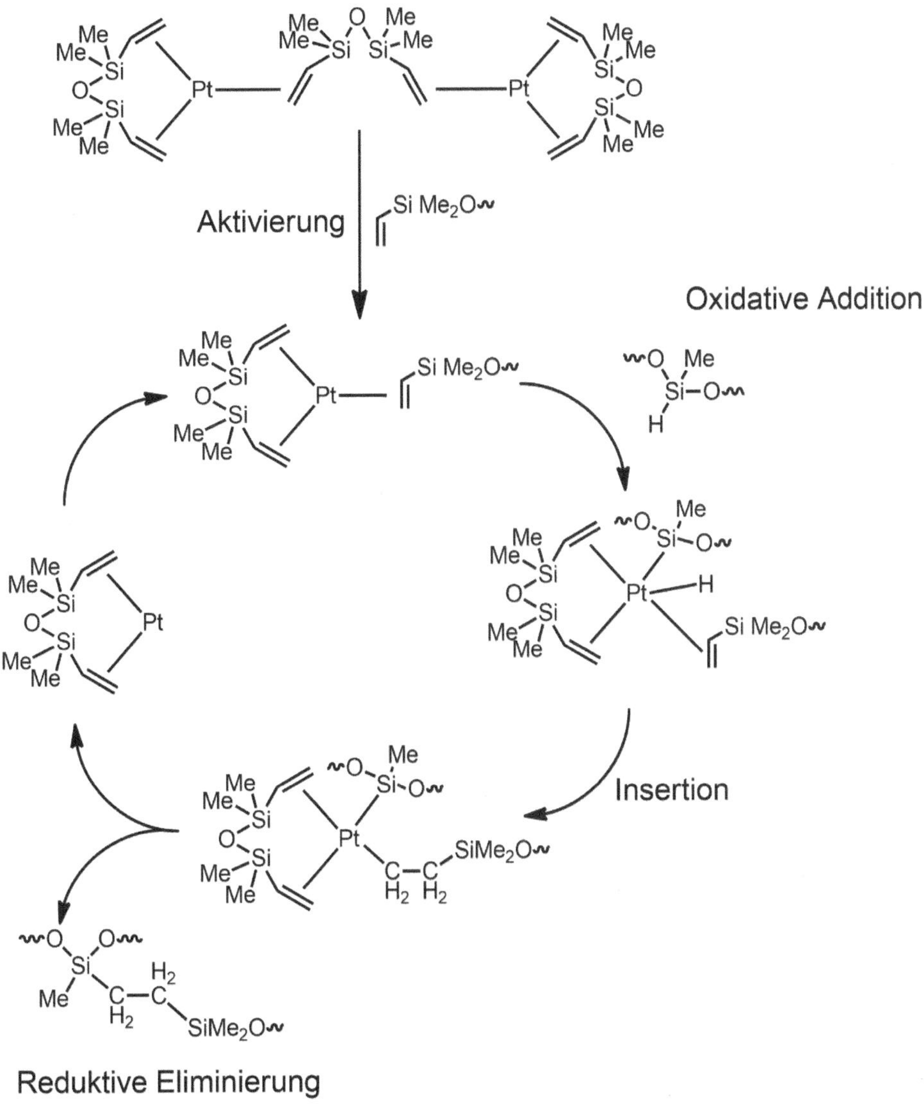

Bild 2.9 Chalk-Harrod-Katalysezyklus zur platinkatalysierten Additionsvernetzung von Silikonkautschuk

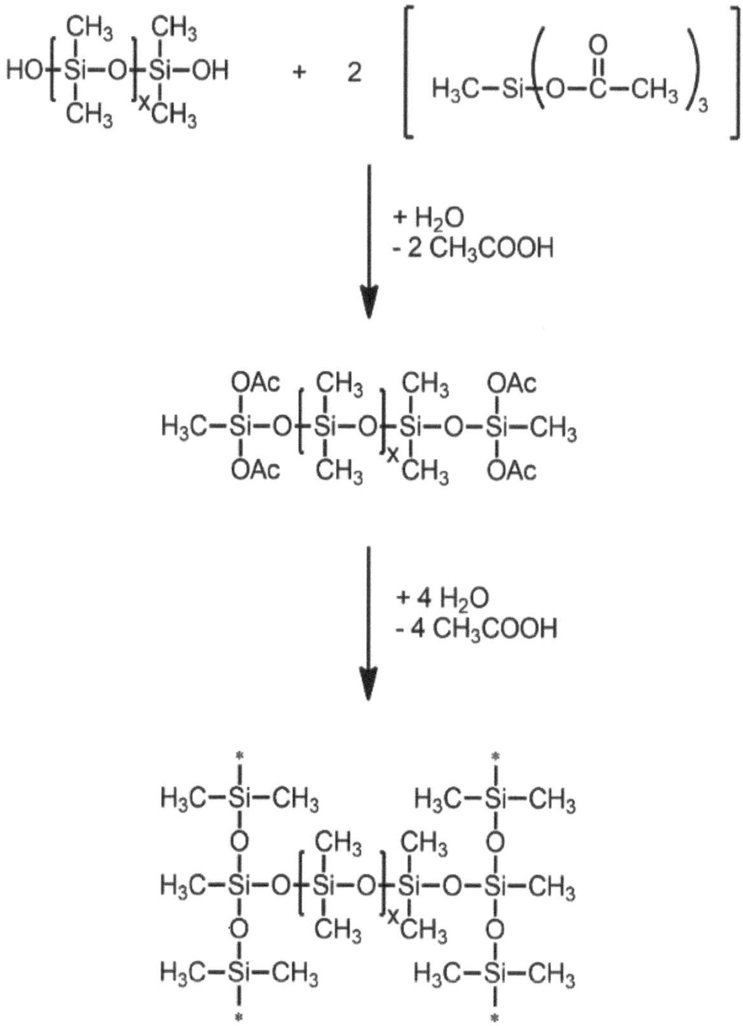

Bild 2.10 Vernetzungsmechanismus der Kondensationsvernetzung am Beispiel von Essigsäure als Spaltprodukt

Literatur

[Bertau 2013] Bertau, M. (2013): Industrielle Anorganische Chemie. Wiley-VCH, Weinheim.

[Cornelius 1985] Cornelius, D. J.; Monroe, C. M. (1985): The unique properties of silicone and fluorosilicone elastomers. Polym. Eng. Sci. 25: 467 – 473.

[Delebecq 2012] Delebecq, E.; Ganachaud, F. (2012): Looking over liquid silicone rubbers: (1) network topology vs chemical formulations. ACS applied materials & interfaces 4: 3340 – 3352.

[Faglioni 2002] Faglioni, F.; Blanco, M.; Goddard, W. A., Saunders, D. (2002): Heterogeneous Inhibition of Homogeneous Reactions: Karstedt Catalyzed Hydrosilylation. J. Phys. Chem. B 106: 1714 – 1721.

[Flörke 2000] Flörke, O. W.; Graetsch, H. A.; Brunk, F.; Benda, L.; Paschen, L.; Bergna, H. E.; Roberts, W. O.; Welsh, W. A.; Chapman, D. M.; Ettlinger, M.; Kerner, D.; Maier, M.; Meon, W.; Schmoll, R.; Gies, H.; Schiffmann, D. (2000): Silica in: Ullmann's Encyclopedia of Industrial Chemistry. Wiley-VCH Verlag GmbH & Co. KGaA, Weinheim, Germany.

[Hornig 2017] Hornig, R. (2017): Die Alken-Hydrosilylierung bei VNB-EPDM-Elastomeren als alternativer Vernetzungsmechanismus. GAK Gummi Fasern Kunststoffe 70: 584 – 597.

[Karlsson 2001] Karlsson, A.; Albertsson, A.-C. (2001): A new method for the determination of a hydrosilanization inhibitor applied to measurements during curing of a silicone elastomer. J. Appl. Polym. Sci. 79: 2349 – 2353.

[Kroke Wintersemester 2018/19] Kroke, E.; Müller, A. (Wintersemester 2018/19): Organosilane und Polyorganosilane (Silicone): Vorlesungsskript Siliciumchemie.

[Moretto 2000] Moretto, H.-H.; Schulze, M.; Wagner, G. (2000): Silicones in: Ullmann's Encyclopedia of Industrial Chemistry. Wiley-VCH Verlag GmbH & Co. KGaA, Weinheim, Germany.

[N.N. 05-2021] N.N. (05-2021): Fest- und Flüssigsilikonkautschuk: Der Leitfaden für die Praxis. 6709. Aufl., München. URL *https://www.wacker.com/h/zh-kh/medias/6709-DE.pdf*, 15. 02. 2023.

[N.N. 07-2015] N.N. (07-2015): AEROSIL – Pyrogene Kieselsäure: Technical Overview.

[N.N.2] N.N.: Katalysatoren für die Hydrosilylierung: Für die Aushärtung und Modifizierung von Silikonen. URL *https://www.heraeus.com/de/hpm/hmp_products_solutions/precious_metal_compounds_homogeneous_catalysts/hydrosilylation_catalysts_silicones/hydrosilylation_catalysts_silicones.html?subSegments=Silicones*, 15. 02. 2023.

[N.N.1] N.N.: Silicone: Eigenschaften von Siliconen. URL *https://www.chem2do.de/c2d/de/silicone/eigenschaften/contentseite_eigenschaften.jsp*, 15. 02. 2023.

[Röthemeyer 2013] Röthemeyer, F.; Sommer, F. (2013): Kautschuktechnologie: Werkstoffe – Verarbeitung – Produkte. Carl Hanser Verlag GmbH & Co. KG.

[Shit 2013] Shit, S. C.; Shah, P. (2013): A Review on Silicone Rubber. Natl. Acad. Sci. Lett. 36: 355 – 365.

[Verheyen 2020] Verheyen, F. (2020): Die Extrusion von Festsilikonkautschuk – eine Verfahrensanalyse. Schriftenreihe des Instituts für Werkstofftechnik/Kunststofftechnik 10. Kassel University Press, Kassel, Hess.

3 Einteilung von Silikonkautschuken

Ralf-Urs Giesen

Silikonkautschuke werden verschieden klassifiziert, da ihre Zusammensetzung und ihr Vernetzungsverhalten stark unterschiedlich sein können. Die Einteilung hilft im ersten Schritt dem Anwender eine Vorauswahl zu treffen, sie hilft aber auch bei dem Verständnis zur Beurteilung von Verarbeitungsprozessen und Eigenschaften von Produkten. Es kann aber auch sein, dass sich gewisse Einteilungen überschneiden, dies führt dann zu Irritationen. Ein Beispiel hierfür kann ein einkomponentiges, hochtemperaturvernetzendes Silikon sein. In Bild 3.1 ist eine Übersicht der Einteilung dargestellt. Diese kann als allgemeingültig angesehen werden, wobei es auch hier Ausnahmen geben kann.

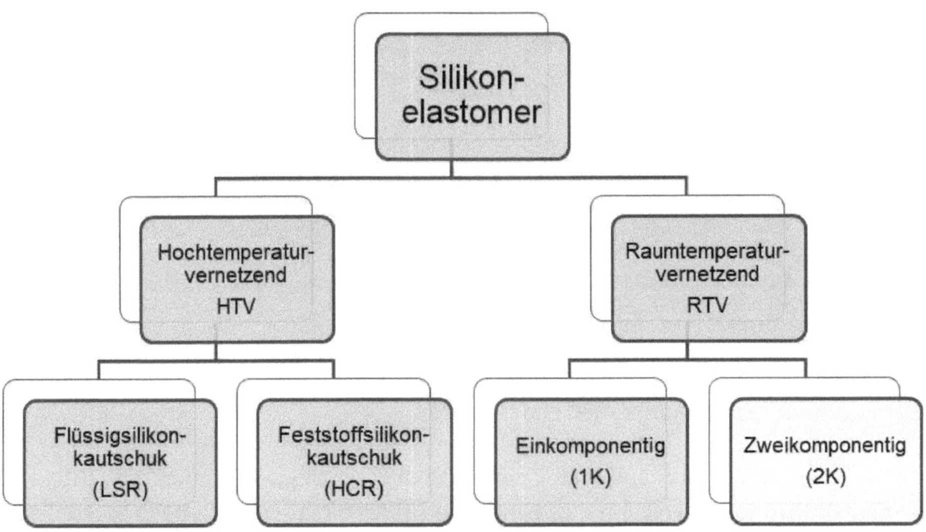

Bild 3.1 Einteilung von Silikonkautschuken in Anlehnung an [3]

In den ersten sechs Unterkapiteln findet eine generelle Einteilung nach Vernetzungsverfahren und deren Temperaturabhängigkeit statt. Danach folgt die Einteilung von verschiedenen speziellen Eigenschaften, die Silikonkautschuke, bzw. Silikonelastomere haben können.

3.1 RTV (Raumtemperaturvernetzende)

Die raumtemperaturvernetzenden Silikonkautschuke benötigen in der Regel keine zusätzliche Wärme um den Vernetzungsprozess zu starten. Die Vernetzung wird bei einkomponentigen Systemen in der Regel durch Feuchtigkeit oder UV-Licht angeregt. Bei zweikomponentigen Silikonkautschuken wird mittels Additionsvernetzung vernetzt. Die Vernetzung kann hier je nach gewähltem Vernetzer schon bei Raumtemperatur schnell starten. Topfzeiten bis zu 5 min sind durchaus denkbar. Ebenso gibt es aber Typen, die auch Topfzeiten bis zu 60 min und länger haben.

Anwendung finden die RTV in allen Bereichen der Industrie. Die einkomponentigen Systeme werden oft als Schutzummantelung von Elektronik oder als Dichtstoff eingesetzt. Die zweikomponentigen Systeme zeichnen sich oft durch ihre Gießfähigkeit aus Bild 3.2. Sie dienen im Prototypenbau als einfache Abformmasse, können aber auch für sehr gut für technische Bauteile verwendet werden.

Bild 3.2 Raumtemperaturvernetzendes Silikon

Betrachtet man die mechanischen Eigenschaften (Zugfestigkeit, Weiterrreißfestigkeit), so sind die Werte oft schlechter als bei vergleichbaren heißvernetzenden Silikonkautschuken. Dies ist vor allem in der Kettenlänge der verwendeten Polysiloxane und der eingesetzten Kieselsäure begründet. Man findet aber auch von einigen Silikonherstellern sehr gute RTV – Typen mit hohen mechanischen, optischen und thermischen Eigenschaften. Als Beispiel für eine Anwendung ist hier ein Abstandshalter aus einem RTV Silikon für die Fertigung von Armaturenbretten gezeigt.

3.2 HTV (Hochtemperaturvernetzende)

Silikonelastomere, die vorranging im Spritzguss, Pressen oder der Extrusion eingesetzt werden, sind in Regel hochtemperaturvernetzend. Durch die höheren Temperaturen, in der Regel größer als 100 °C, ist der Vernetzungsvorgang sehr schnell. Somit kann bei der Extrusion das Material nach dem Austritt aus der Düse im Heiztunnel schnell von außen anvernetzen und eine Formstabilität ausbilden. Beim Spritzgießen können durch das schnelle Vernetzen Zykluszeiten von 5 bis 120 s erreicht werden. Im Pressverfahren sind auch schnelle Vernetzungszeiten für dünnwandige Teile möglich, für dickwandige Teile können aber durchaus auch Vernetzungszeiten von bis zu 10 min erreicht werden.

Unterschieden werden die HTV – Silikone neben Fest- und Flüssigsilikonkautschuk (Abschnitt 3.5 Abschnitt 3.6) auch über ihre Art der Vernetzung. Für Festsilikonkautschuke werden platinvernetzende und peroxidvernetzende Systeme eingesetzt. Bei den Flüssigsilikonkautschuken kommen ausschließlich platinvernetzende Systeme zum Einsatz. Wichtig hierbei ist zu wissen, das bei peroxidvernetzenden Systemen Spaltprodukte entstehen, die über einen nachgelagerten Temperprozess im Bedarf entfernt werden müssen. Dieses ist bei platinvernetzenden (additionsvernetzenden) Systemen nicht zwingend notwendig. Peroxidvernetzende Systeme haben den Vorteil, dass sie nahezu unbegrenzt lagerfähig sind. Dies liegt daran, dass der Vernetzer bei der Überschreitung einer bestimmten Temperatur anspringt und dann erst die Vernetzung startet. Sind also die Lagerbedingungen unter der Anspringtemperatur gibt es keine Vernetzung. Bei den platinvernetzenden Systemen gibt es diese klare Grenze nicht. Die eingesetzten Inhibitoren, die zur Verhinderung der Vernetzung eingemischt sind, zeigen auch schon bei Raumtemperatur eine Vernachlässigung der Wirkung. Somit kann ein gemischtes additionsvernetzendes HTV auch bei Raumtemperatur vernetzen, wenn es mehrere Tage lagert.

Bei der Verarbeitung von HTV kann gesagt werden, dass in der Extrusion nur Festsilikonkautschuk verwendet wird. Dies liegt an der Viskosität des Materials. Flüssigsilikonkautschuk ist zu niederviskos und wird durch die Scherkräfte im Extrusionswerkzeug so dünnflüssig, dass kein formstabiles Extrudat die Düse verlässt. Im Spritzgießverfahren werden sowohl Fest- wie Flüssigsilikonkautschuke verwendet. Hierbei gibt es lediglich Unterschiede in der Dosiertechnik, wenn man an die Maschinen denkt. Bei der Verarbeitung im Spritzgießen muss man bedenken, dass die Einspritzdrücke beim Festsilikon, aufgrund der Ausgangsviskosität, deutlich höher liegen als beim Flüssigsilikon.

Hochtemperaturvernetzende Silikonkautschuke, zeigen bessere mechanische Eigenschaften, insbesondere, wenn man an die Zug- und Weiterreißeigenschaften denkt. Sie bestehen aus längeren Polymerketten und haben dadurch mehr Möglichkeiten der Vernetzung untereinander, zudem ist der Grad der Verknäuelung deutlich höher, was ein Abgleiten der Polymerketten zusätzlich erschwert.

3.3 Einkomponentige

Silikonkautschuke, die einkomponentig sind, werden in der Regel den raumtemperaturvernetzenden Silikonen zugeordnet. Sie vernetzen über Luftfeuchtigkeit, durch eine Kondensationsvernetzung. Erkennen kann man solche Silikonkautschuke an einem Essiggeruch, der bei der Vernetzung entsteht. Bekannt ist dieses durch das „Badsilikon", welches nach Auftrag auch mindestens 2–3 Tage nicht berührt werden sollte, bis es vollständig vernetzt ist. Im normalen Handel ist es das Silikon, welches man recht einfach besorgen kann um erste Versuche mit dem Material zu machen. Auch von den Eigenschaften her sind diese Silikone durchaus mit industriell genutzten Silikonen vergleichbar.

In der Industrie werden vor allem Typen von der Wacker Chemie für unterschiedlichste Anwendungen benutzt. Bekannt ist hier das E43, was zum einen als Tubenware, aber auch in 20 L Hobbocks erhältlich ist. Durch die Kondensationsvernetzung sind diese Materialien unbedenklicher gegenüber peroxid- oder platinvernetzenden Systemen. Spezielle Typen, sogar haftende, können dann auch für Anwendungen im Lebensmittelbereich, Trinkwasseranwendungen oder in der Medizintechnik eingesetzt werden.

Bei der Verarbeitung gibt es neben dem Auftragen durch eine Kartusche oder Düse auch die Möglichkeit, das Material über Streichverfahren aufzutragen. Somit können auch Materialien wie Gewebe, Metall- oder Kunststoffplatten beschichtet werden. Eine Voraussetzung für eine ordentliche und zeitnahe Vernetzung ist die Anwesenheit von Luftfeuchtigkeit. Diese kann generell über das Raumklima eingestellt werden oder man benutzt spezielle Aushärtekammern. Bei den Kammern kann neben der Luftfeuchtigkeit, auch eine Temperatur eingestellt werden. Dies kann zur Aufnahme von mehr Feuchte und durch die höhere Temperatur auch zu einer schnelleren Vernetzung führen.

3.4 Zweikomponentige

Die zweikomponentigen Silikonkautschuke gibt es sowohl bei den raumtemperaturvernetzenden, wie auch den bei heißvernetzenden Typen. Sie zeichnen sich, wie es der Name schon sagt, durch die Bereitstellung von zwei Komponenten aus. In der Regel ist in der einen Komponente (meistens A) der platinbasierte Katalysator und in der anderen Komponente (meistens B) der Vernetzer und der Inhibitor. In Bild 3.3 ist eine typische Kennzeichnung von A und B dargestellt. Durch das Vermischen der beiden Komponenten erhält man ein reaktives Gemisch, dass durch eine Initiierung vernetzt.

Bild 3.3 Typische Kennzeichnung der 2-komponentigen Silikonkautschuke

Bei den RTV-Silikonen gibt es in der Regel zwei unterschiedliche Mischungsverhältnisse die Beachtung finden müssen. Oft werden zweikomponentige Systeme im Verhältnis 1:1 gemischt. Es gibt aber auch Hersteller die das Mischungsverhältnis 10:1 vorschreiben. Hierbei muss darauf geachtet werden, dass bei Kartuschenlösungen auch das richtige Mischrohr verwendet wird. Ebenso sollte man darauf achten, dass bei Dosieranlagen mit Schöpfkolbenpumpen das richtige Mischungsverhältnis eingestellt ist. Leichte Abweichungen vom Mischungsverhältnis sind bei vielen Silikonen unkritisch, da der Vernetzer oft im Überschuss vorliegt. Vorsichtig muss man hingegen sein, wenn man feststellt, dass die Shore A – Härte stark schwankt. Hierbei ist es möglich, dass die Härte über die Vernetzungsstellen und nicht über die Kieselsäure eingestellt ist.

Die Lagerfähigkeit von additionsvernetzenden Silikonkautschuken im gemischten Zustand hängt stark vom verwendeten Inhibitor ab. Bei RTV-Typen ist eigentlich keine Lagerzeit vorhanden, da diese spätestens innerhalb einer Stunde reagieren. Bei den HTV-Typen sieht es hingegen anders aus. Hier kann man bei Raumtemperatur von 2–3 Tagen Lagerzeit ausgehen. Um die Lagerdauer zu erhöhen kann man das

Gemisch in einen Kühlschrank oder eine Gefriertruhe stellen. Hierdurch ist es möglich, vor allem bei HTV, die Lagerdauer auf bis zu 3 Monaten zu verlängern.

Oft haben bei den zweikomponentigen Systemen die einzelnen Komponenten auch eine Haltbarkeitsdauer. Diese sollte man auch beachten. Es kann je nach Zusammensetzung der A- oder B-Komponente innerhalb einer Komponente zu chemischen Reaktionen kommen, die die Vernetzungscharakteristik und die Viskosität negativ beeinflussen.

Die Verarbeitung von zweikomponentigen Materialien findet in Gieß-, Spritzgieß- und Extrusionsprozessen statt. Zudem auch mittlerweile in der Additiven Fertigung von Silikonbauteilen. Bei der Extrusion müssen die Zweikomponentenmischungen aus Festsilikonkautschuk vorher mit einem Innenmischer oder Walzwerk vermischt werden. Beachten sollte man bei allen Verfahren, dass die Standzeiten der Maschine kurz gehalten werden, damit keine Vernetzung des Materials in den Mischern und Aggregaten stattfindet. Bei kritischen Mischungen ist es ratsam, die silikonführenden Bauteile zu kühlen. Bei der Extrusion- und beim Spritzgießen sollte das der Standard sein. Bei den Dosieranlagen, kann man zusätzlich sogenannte Kühlmantel um Schläuche und Mischer anbringen.

3.5 Flüssigsilikonkautschuk (LSR)

Seit den späten 70er-Jahren sind die heißvernetzenden Flüssigsilikonkautschuke auf dem Markt erhältlich. In der technischen Umgangssprache werden diese Liquid Silicone Rubber (LSR) genannt. LSR zeichnen sich durch eine niedrigere Viskosität als Festsilikonkautschuke aus [2]. Dadurch ist es möglich mit geringeren Spritzdrücken dünnwandige Bauteile herzustellen. Zudem ist die Förderung des Silikons in die Spritzgießmaschine deutlich einfacher. Über Dosierpumpen kann das Material ohne Dosierstörungen kontinuierlich in das Spritzgießaggregat gefördert werden. Begünstigt durch die weiterentwickelte Spritzgießtechnologie, wie Kaltkanalwerkzeuge oder Nadelverschlussdüsen, konnte das Material gut und stabil verarbeitet werden. Ein weiterer Vorteil zu Festsilikonkautschuk war für die damalige Zeit, dass die Farbe als Additiv über die Dosieranlage zudosiert werden konnte und nicht, wie beim Festsilikonkautschuk, vorher eincompoundiert werden musste. Bei der Lieferform des LSR handelt es sich immer um zweikomponentige Systeme, also A- und B-Komponente. Erste Materialien, wie das Wacker Elastosil 3003, sind heute immer noch im Einsatz und es werden eine Vielzahl von Produkten damit hergestellt.

Heute gibt es eine Vielzahl von Materialhersteller, die ein breites Spektrum an LSR auf dem Markt anbieten. Einige Sondertypen werden in den Abschnitt 3.7 bis Abschnitt 3.10 beschrieben. Darüber hinaus wird unterschieden in den unterschiedlichen Shore A – Härten, den Zulassungen für Medizin-, Trinkwasser-, und Lebensmittelbereich.

Wie schon oben beschrieben ist das meist genutzte Verarbeitungsverfahren für LSR das Spritzgießen in der Ein- und Mehrkomponententechnik. Andere Verfahren zur Verarbeitung von LSR sind Streich- und Sprühprozesse. Als Produktbeispiele können hier Faltenbalge für Busse und Bahnen sowie Coatings für Airbags genannt werden.

Zwei Sondertypen sollten an dieser Stelle noch erwähnt werden. Zum einen fluorhaltige LSR und zum anderen optische LSR. Die fluorhaltigen LSR sind sehr teure Materialien und werden dann eingesetzt, wenn es einen Kontakt mit Treibstoffen für Flugzeuge und Fahrzeuge gibt. Sie sind sehr beständig gegenüber diesen Materialien. Optische LSR werden heutzutage vermehrt als Glas- und Thermoplastersatz eingesetzt. Die Vorteile sind elastisches Verhalten und eine viel bessere Beständigkeit gegenüber Temperatur und Umwelteinflüsse, wie UV-Licht.

3.6 Festsilikonkautschuk (HCR)

Wie es der Name schon verrät, handelt es sich bei diesem Kautschuk um eine sehr zähe, harte Masse (Bild 3.4), ähnlich den synthetischen und natürlichen Kautschuken, die kohlenstoffbasiert sind.

Bild 3.4 Riegel aus Festsilikonkautschuk

Festsilikonkautschuke, die im englischsprachigen Raum „high consistency rubber (HCR)" genannt werden, gibt es schon seit Ende der 40er-Jahre. Diese Kautschuke starteten den Siegeszug der Silikonelastomere für Anwendungen bei hohen Temperaturen (bis 200 °C) bei denen man elastische Materialien brauchte. HCR ist auch heute noch der meistverwendete Kautschuk in der Silikonelastomerbranche. Er ist gut lagerbar, preiswert und in vielen Varianten verfügbar. Ein besonderer Vorteil des HCR ist, dass er vom Produzenten mit einfachen Maschinen gut modifiziert werden kann. Übernommen aus der gummiverarbeitenden Industrie besitzen viele Verarbeiter von HCR eine eigene Mischerei mit Walzwerken und Innenmischern um Additive wie Farbe und Vernetzer einzumischen.

Die Vernetzung von HCR ist jahrzehntelang hauptsächlich mit Peroxiden erfolgt. Neuerdings gibt es auch vermehrt HCR, die platinvernetzend sind. Die Vorteile von peroxidvernetzten Systemen sind eine bessere Lagerfähigkeit und eine schnellere Vernetzung, vor allem bei der Extrusion. Platinvernetzende Systeme werden gerne in der Pharma- und Medizinbranche eingesetzt, da hier keine Spaltprodukte entstehen [3].

Der Festsilikonkautschuk wird mit allen bekannten Verfahren verarbeitet. Hierzu zählen das Pressen, Spritzgießen, Kalandrieren, Beschichten und die Extrusion. Bei allen gemein ist, dass die Vernetzung bei über 100 °C stattfindet und daher die HCR zu den heißvernetzenden Materialien gehören. Typische Bauteile neben den Formteilen sind Extrudate, wie Schläuche und Profile.

3.7 Haftende

Silikonkautschuke werden oft als Abdichtungen, Weichkomponenten (z. B. Griffe) und Isolatoren verwendet. Hierzu ist es notwendig eine Haftung zu der Hartkomponente aufzubauen. Diese Hartkomponente kann Kunststoff, Metall oder Glas sein. Wenn wir die mechanische Haftung (Hinterschnitte) außen vor lassen, muss es eine Haftung über chemische Verbindungen geben um eine Art Stoffschluss zu erreichen. Hierfür werden die Silikonkautschuke mit Haftvermittlern modifiziert. In der Regel sind das Silane, die dann sowohl eine Verbindung mit dem harten Substrat und gleichzeitig eine Verbindung mit den Polysiloxanen im Silikonkautschuk aufbauen können. Diese Haftvermittler werden in einkomponentigen und zweikomponentigen Silikonkautschuken eingesetzt, auch sind diese in raum- und temperaturvernetzenden Silikonkautschuken verfügbar.

Bei der Auswahl der haftenden Silikonkautschuke ist zu beachten auf welchem Substrat eine Verbindung eingegangen werden soll und für welche Anwendung das Bauteil ist. Nicht alle Haftvermittler sind für alle Substrate geeignet. Auch ist es entscheidend, vor allem in der Medizin- und Lebensmitteltechnik, welche Haftvermittler zugelassen sind um die entsprechenden Freigaben für die Produkte zu bekommen.

Verarbeitungstechnisch können neben Streich- und Tauchvorgängen auch Mehrkomponentenspritzgießverfahren verwendet werden. Sollte beim ersten Versuch keine Haftung möglich sein, kann mit Oberflächenvorbehandlungsmethoden, wie Plasma, Pyrosil und UV-C Licht [4] gearbeitet werden. Auch der Auftrag eines Primers kann zu einer deutlichen Haftsteigerung führen.

3.8 Ölausschwitzende

Eine besondere Type unter den Silikonen sind ölausschwitzende Silikonelastomere. Hierbei handelt es sich um Silikonkautschuke, denen man ein flüchtiges Öl eingearbeitet hat, welches nicht an der Vernetzung teilnimmt [5]. Das Öl ist in dem Polysiloxannetzwerk gespeichert und migriert an die Oberfläche des Bauteils. Sehr häufig werden mit dem Material Steckverbinder, Kabeldichtungen und Dichtkissen produziert. Hierbei geht es darum die Reibung an der Oberfläche zu minimieren um Montageprozesse, wie Kabeldurchziehen, zu vereinfachen. In der Medizintechnik können solche Materialien aber auch eingesetzt um die Reibung bei Spritzenkolben zu mindern, um die Feindosierung von Medikamenten zu verbessern.

Ölausschwitzende Typen werden sowohl als Fest-, wie auch als Flüssigsilikonkautschuke vertrieben und sind auch in verschiedenen Härten verfügbar. Die Verarbeitung erfolgt mit den Standardmaschinen für die Silikonverarbeitung. Neuerdings gibt es auch Sondertypen, die sogar haftend sind, hiermit können dann Hart-Weichverbunde mit besonderen Gleiteigenschaften produziert werden.

3.9 Low Volatile (wenig flüchtende Bestandteile)

Ein Problem von vielen Silikonkautschuken, bzw. Silikonelastomeren ist, dass sie flüchtige Bestandteile in sich haben, die über eine lange Zeit emigrieren. Hierbei spricht man sehr oft von mindestens 2 bis 3 %. In der Regel werden diese durch einen Temperprozess nach der Fertigung auf unter 0,5 % minimiert.

Bei den flüchtigen Bestandteilen handelt es sich um niedermolekulare Bestandteile (u. a. kurzkettige Polysiloxane, Silane), die bei der Herstellung vom Silikonkautschuk entstehen. Diese Bestandteile stehen im Verruf gesundheitsschädlich zu sein und sollten für Anwendungen am und im menschlichen Körper entfernt werden. Weiterhin können diese flüchtigen Bestandteile bei elektronischen Komponenten zu Kontaktfehlern und zum Ausfall der Komponenten führen. Zudem ist es bekannt, dass sich die Bestandteile auf Oberflächen absetzen können. Dies führt bei optischen Bauteilen zu Trübungen oder ist bei Bauteilen hinderlich beim Lackieren.

Um die oben genannten Nachteile zu verhindern stellen immer mehr Materialhersteller ihre Produktion um und stellen Kautschuke her, die weniger flüchtige Bestandteile haben. Die Materialien nennt man LOW VOLATILE (LV) Silikone. Das bedeutet, dass weniger als 0,5 % flüchtige Bestandteile im Kautschuk und somit später im Elastomer sind. Diese Silikone sind sowohl als LSR, wie auch als RTV erhältlich.

Verarbeitungstechnisch muss beachtet werden, dass durch die Nutzung der LV Silikone die Schwindung fast nicht mehr vorhanden ist und der Temperprozess entfallen kann. Kann deswegen, da die mechanischen Eigenschaften durch das Tempern auch bei den LV Typen verbessert werden [4].

3.10 Low Temperature Cure (LTC)

Im Bereich der Flüssigsilikonkautschuke ist eine der neuesten Entwicklungen, das sogenannte Low Temperature Curing (LTC) – Silikon. Hierbei wird der Start der Vernetzung in den Bereich um die 100 °C gelegt [6]. Da es sich hier vornehm um ein LSR für den Spritzguss handelt, können neue Möglichkeiten mit diesem Material und Verfahren erschlossen werden. Denkt man an einkomponentige Bauteile so können temperaturempfindliche pharmazeutische Wirkstoffe in das LSR eingearbeitet werden und zu medizintechnischen Bauteilen verspritzt werden.

Eine weitere Möglichkeit der Verwendung des Materials ist im Mehrkomponentenspritzgießen möglich. Zum Beispiel können niedrigschmelzende Thermoplaste wie PP, PE oder ABS mit dem LTC-LSR überspritzt werden und eine Vernetzung des Silikons kann ohne thermische Schädigung des Thermoplasten erfolgen.

Die Handhabung des Materials kann aber zu Problemen führen, da die gewöhnlichen Topfzeiten von LSR unterschritten werden und eine zu frühe Vernetzung im Spritzgießaggregat erfolgen kann. Deswegen muss daran gedacht werden, nach der Verarbeitung die Anlagen schnellstmöglich zu spülen.

Eine weitere Möglichkeit ist einem Standard-LSR ein LTC – Additiv über die Dosieranlage zuzuführen. Hierbei kann die Vernetzungstemperatur gesenkt werden. Vor Produktionsende kann die Additivzuführung zurückgefahren werden und in dem Spritzaggregat befindet sich dann wieder das Standard LSR mit gewöhnlichen Topfzeiten.

Eine andere Nutzung des LTC-LSR ist es, das Material bei Standardvernetzungstemperaturen zwischen 160 und 200 °C zu fahren. Hiermit kann die Vernetzungszeit minimiert und somit die Zykluszeit reduziert werden.

Literatur

[1] SOLID AND LIQUID SILICONE RUBBER MATERIAL AND PROCESSING GUIDELINES, Wacker Chemie AG, 2013

[2] Princi, E.: Rubber: Science and Technology, Berlin, Boston: De Gruyter, 2019.

[3] Verheyen, F.; Die Extrusion von Festsilikonkautschuk – eine Verfahrensanalyse, kassel university press, Kassel, 2019

[4] Hartung, M.; Untersuchung der UVC-Bestrahlung als Oberflächenvorbehandlungsmethode von Polycarbonaten zur Erzeugung einer Verbundhaftung zu Flüssigsilikonkautschuken, kassel university press, 2023

[5] Pohmer, K.: Oil-Bleeding Properties of Self-Lubricating Liquid Silicone Rubbers, WILEY-VCH Verlag GmbH & Co. KgaA, 2003

4 Eigenschaften

Ralf-Urs Giesen

Dieses Kapitel soll einen Überblick über die charakteristischen Materialeigenschaften des Silikonkautschuks und des Silikonelastomers im Vergleich zu thermoplastischen, duroplastischen und organisch basierten Kautschuken/Elastomeren geben. Neben den Vorteilen des Silikons werden u. a. auch Nachteile aufgezeigt, die für eine Material- bzw. Bauteilauslegung von elastomeren Bauteilen entscheidende Bedeutung haben können.

4.1 Rheologische Eigenschaften

Für die Verarbeitung von Silikonkautschuken spielt das Fließverhalten des Materials eine große Rolle und entscheidet zum einen über das auszuwählende Verarbeitungsverfahren mit entsprechendem Equipment und zum anderen über die spätere Bauteilqualität. Hier sind vor allem Oberflächen- und Volumendefekte zu nennen.

4.1.1 Grundlagen

Polymere, hier auch Silikonpolymere, verhalten sich in der Regel strukturviskos. Mit höherer Scherbelastung steigt auch die Schergeschwindigkeit [1/s] und die Viskosität nimmt ab. Bei den meistverwendeten Verarbeitungsverfahren Spritzguss und Extrusion treten hohe Schergeschwindigkeiten in einem Bereich von 1 bis 10 000 auf. Um die Viskositäten bei diesen Schergeschwindigkeiten zu ermitteln, eignet sich idealerweise ein Hochdruckkapillarrheometer. In Tabelle 4.1 sind die Viskositäten [mPa*s] verschiedener Silikonkautschuke mit den entsprechenden Verarbeitungsverfahren angegeben:

Tabelle 4.1 Viskositätseigenschaften von Silikonkautschuken

Silikon-kautschuk	Hersteller	Material	Shore A	Viskosität [mPa*s] 23 °C 1/s	Viskosität [mPa*s] 23 °C 10/s	Verarbei-tung (haupt-sächlich)
HCR				200 000 000		Extrusion
LSR	Wacker	LR 3003/60	60	1 100 000	390 000	Spritz-gießen
LSR	Wacker	LR 3003/30	30	190 000	150 000	Spritz-gießen
RTV 1 K	Wacker	ELASTOSIL® N 2010	25	10 000		Gießen
RTV 2 K	Wacker	Elastosil RT 771	45	45 000		Dosieren
RTV 1 K	Wacker	Elastosil 43	30	350 000		Kleben

Für die Extrusion von Silikonkautschuken muss eine relativ hohe Viskosität vorliegen, um nach dem Austritt des Extrudates Formstabilität zu behalten. Beim Spritzgießen liegen die Viskositäten im mittleren Bereich, hierdurch kann eine gute Fördercharakteristik im Spritzgießaggregat gesichert werden. Beim Einspritzvorgang erreichen wir durch hohe Schergeschwindigkeiten (ungefähr 1000 1/s) niedrigere Viskositäten, diese sind vorteilhaft, um die Spritzgießform ideal auszufüllen. Für Gieß- und Dosierprozesse eignen sich nur Silikonkautschuke mit niedriger Viskosität im Bereich von 1000 – 100 000 mPas. Dadurch kann erreicht werden, dass sich die Formen ohne ein Pressverfahren gut füllen. Für Kleb- und Dichtanwendungen sind oft kondensationsvernetzende RTV-Typen im Einsatz. Hier liegt die Viskosität über der von Silikonkautschuken für Gieß- und Dosierprozesse. Hintergrund ist, dass die hergestellte Dichtung formstabil bis zum Abschluss des Aushärteprozesses sein muss.

Die Viskosität des Silikonkautschuks kann z. B. durch Temperatur, Füllstoffe und Verarbeitungshilfen verändert werden. Beim Mischprozess von HCR werden oft Silikonöle beigemengt, um die Verarbeitung zu verbessern. Beim LSR kann mithilfe der Einspritzgeschwindigkeit die Viskosität vermindert werden, um Füllzeiten zu reduzieren, aber auch, um lange Fließwege zu erreichen.

Generell kann die Aussage getroffen werden, dass bei Materialien mit hoher Shore-A-Härte die Viskosität steigt, da mehr Füllstoffe (in den meisten Fällen Kieselsäure) enthalten sind, die in Wechselwirkung miteinander treten. Ausnahmen können hier optische, hochtransparente Silikone sein, da sie mit Silikonharzpartikeln gefüllt sind und im Gegensatz zu Standardmaterialien niedrigere Viskositäten aufzeigen.

4.1.2 Einfluss auf den Verarbeitungsprozess

Vor allem in der Extrusion spielen die rheologischen Eigenschaften des Silikonkautschuks eine übergeordnete Rolle. Wandgleiteffekte im Extruder und im Werkzeug können zu Fließinstabilitäten führen, welche direkt im Produkt zu sehen sind. Zudem beeinflusst das Wandgleiten die Durchsatzleistung eines Extruders. Einflüsse auf das Wandgleiten sind z. B. die Art des Polymers, der Füllstoffgehalt sowie die Geometrie und Oberflächenbeschaffenheit des Zylinders und des Werkzeuges [1]. Ein weiteres Problem stellt in der Extrusion die Strangaufweitung dar, die das Verhältnis des Extrudatdurchmessers zum Düsendurchmesser angibt. Hervorgerufen wird sie durch unterschiedliche Geschwindigkeiten des Materials in der Düse. Einflussfaktoren hierfür sind die Prozessparameter, die Düsengeometrie und die rheologischen Eigenschaften des Materials. Mit höherer Schergeschwindigkeit nimmt auch die Strangaufweitung zu, vorausgesetzt die Materialtemperatur bleibt gleich. Durch Optimierung der Strömungsverhältnisse im Extrusionswerkzeug kann die Strangaufweitung verringert werden. Weiterhin können im Extrusionsprozess Fließinstabilitäten auftreten. Als Oberflächendefekt wird das sogenannte Shark-Skin-Verhalten (Haifischhaut) beschrieben. Man erhält eine raue, matte Oberfläche. Wahrscheinlich ist dieses durch unterschiedliche Geschwindigkeiten (Material außen zu innen) am Düsenausgang zu erklären. Es entstehen Mikrorisse an der Oberfläche des Extrudates. Werkzeugbeschichtungen, die ein besseres Gleiten des Kautschuks ermöglichen, können hier Abhilfe leisten. Ein Volumendefekt, der sich stark an der Oberfläche zeigt, ist der Schmelzebruch. Diese Fließinstabilität ist durch den ganzen Querschnitt des Extrudates zu finden und beeinflusst die mechanischen Eigenschaften stark. Es wird vermutet, dass dieser Effekt am Düseneingang verursacht wird, vor allem bei hohen Durchsätzen. Anfangs zeigt sich ein periodisches Bild des Schmelzebruchs, später übergehend in ein chaotisches Bild, zu sehen in Bild 4.1.

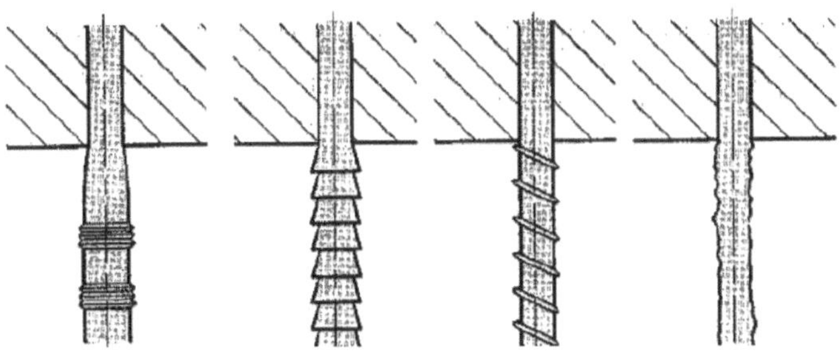

Bild 4.1 Schmelzebruch des Extrudates [4]

Im Gegensatz zu anderen Kautschuken ist eine Viskositätsänderung im Verarbeitungsfenster von 30 – 50 °C nicht festzustellen.

Für den Spritzgießbereich hat die Viskosität von Silikonkautschuk unterschiedliche Einflüsse. Für den Spritzguss mit Festsilikonkautschuk stellt die hohe Viskosität ein Problem dar, die Materialzuführung in das Spritzaggregat gestaltet sich schwierig, da zum einen eine geringe Grünfestigkeit vorliegt und es zu Abrissen kommt, und zum anderen ist ein „Einpressen“ des Materials in den Einzug aufgrund der hohen Viskosität nur mit sehr hohen Drücken (Kräften) möglich. Beim LSR-Spritzguss spielt die Viskosität des Silikonkautschuks eher eine untergeordnete Rolle. Zwar gibt es große Unterschiede zwischen 30- und 70-Shore-A-Material, aber die meisten Dosieranlagen und Spritzgießmaschinen sind so ausgelegt, dass sie in diesem Viskositätsbereich zuverlässig arbeiten. Für die Verarbeitung von RTV-Silikonen ist oft eine zu niedrige Viskosität problematisch, da Undichtigkeiten in den Verarbeitungsmaschinen und im Werkzeug zu Problemen führen. Großer Vorteil bei den stark niedrigviskosen RTV ist aber, dass lange Fließwege realisiert werden können und somit große Formen gut gefüllt werden.

4.2 Vernetzungscharakteristik

In diesem Abschnitt wird über das Vernetzungsverhalten der unterschiedlichen Silikonkautschuke in Bezug auf die Verarbeitung berichtet. Die Unterteilung erfolgt in RTV, HCR und LSR. Einiges zu den Themen steht ausführlicher in Abschnitt 2.7 Vernetzungsmechanismen.

4.2.1 Raumtemperaturvernetzende Silikone (RTV)

Generell lässt sich über die RTV sagen, dass sie im Temperaturbereich von 20 °C bis 70 °C vernetzen. Die Vernetzungsgeschwindigkeit liegt hier im Bereich von wenigen Minuten bis hin zu mehreren Tagen. Je nach Typ und Anwendungsfall steht hier ein breites Spektrum an RTV zur Verfügung:

4.2.1.1 Kondensationsvernetzende RTV

Bei den Silikonkautschuken, die mithilfe von Luftfeuchtigkeit vernetzen, dauert der Vernetzungsvorgang relativ lange und kann mehrere Tage dauern. Bekannt ist das Aushärten von Fugensilikon, z. B. im Nasszellenbereich, was bis zu 3 Tage in Anspruch nehmen kann. Im industriellen Bereich versucht man mit erhöhter Temperatur (bis zu 70 °C) und erhöhter Luftfeuchtigkeit den Vernetzungsprozess zu beschleunigen. Dafür können Öfen mit hoher Luftfeuchtigkeit oder auch Strahler aus Keramik oder Infrarot eingesetzt werden. Probleme können hier sehr dicke Bauteile verursachen, da eine Durchhärtung bis zu einer Woche dauern kann. Eine Abhilfe ist hier durch schichtweises Auftragen und Aushärten realisierbar.

4.2.1.2 Additionsvernetzende RTV

Bei den additionsvernetzenden RTV liegt in der industriellen Anwendung die Verarbeitungstemperatur oft im Bereich zwischen 50 und 70 °C. Die Vernetzung startet aber auch schon relativ schnell bei Raumtemperatur, sodass Topfzeiten von 10 min typisch sind. Bei höheren Temperaturen geht je nach Typ die Vernetzungszeit schneller vonstatten. Bei der Verarbeitung wird oft das Werkzeug variotherm beheizt. Das heißt, dass im Füllvorgang mit Raumtemperatur gearbeitet wird, um eine vollständige Formfüllung zu erreichen. Ist die Form gefüllt, wird das Werkzeug aufgeheizt (bei großen Werkzeugen kann dieser Vorgang bis zu 15 min dauern), so können dann Fertigungszeiten von über einer Stunde pro Bauteil zustande kommen. Eine entscheidende Rolle spielt hier natürlich die Bauteildicke.

4.2.2 Heißtemperaturvernetzende Silikone (HTV)

Zu den heißvernetzenden Silikonkautschuken gehören die LSR und HCR. Die Vernetzungstemperaturen liegen je nach verwendetem Vernetzer im Regelfall zwischen 120 und 200 °C.

4.2.2.1 Flüssigsilikonkautschuke (LSR)

LSR liegen hauptsächlich als additionsvernetzende Systeme vor und werden vorwiegend im Spritzgießprozess verarbeitet. Typische Verarbeitungstemperaturen liegen hier bei 180 °C bis 200 °C. Die Vernetzungszeit wird mit 3 – 7 mm pro Sekunde angegeben. Dies bedeutet, dass sehr schnelle Zykluszeiten für dünnwandige Bauteile erreicht werden können. Geht man mit den Temperaturen herunter, so verlängert sich die Vernetzungszeit stark, zu sehen in Bild 4.2.

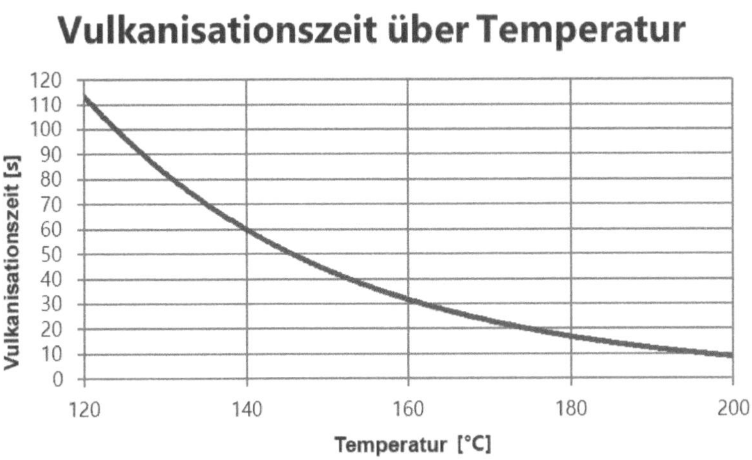

Bild 4.2 Vulkanisationszeit von Flüssigsilikonkautschuk in Abhängigkeit der Temperatur

Den Bereich zwischen 130 °C und 180 °C nutzt man oft im Mehrkomponentenspritzguss aus, da Thermoplaste, wie z. B. Polycarbonat, bei höheren Temperaturen weich werden und nicht mehr überspritzt werden können.

Neue Entwicklungen der Materialhersteller sind sogenannte LTC-(Low Temperature Curing)-Flüssigsilikonkautschuke. Hier wird die ideale Vernetzungstemperatur in einen niedrigeren Bereich verschoben. Damit kann eine größere Auswahl an Thermoplasten oder anderen Materialien (z. B. Stoff) überspritzt bzw. bestrichen werden und trotzdem können kurze Zykluszeiten eingehalten werden. Ein weiterer Vorteil dieser Materialien ist, dass sie auch bei hohen Temperaturen (180 – 200 °C) funktionieren und dadurch auch Zykluszeiten, vor allem für dickwandige Bauteile, reduziert werden können. Grafisch ist dies in Bild 4.3 dargestellt.

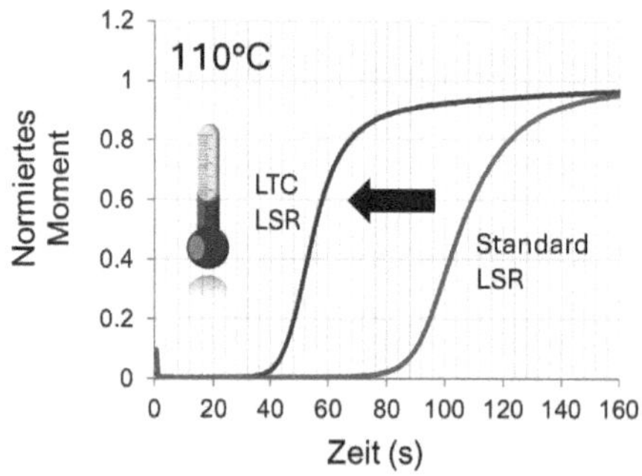

Bild 4.3
Vergleich der Vernetzungszeit von Standard-LSR zu LTC-LSR bei 110 °C [Photo Courtesy of Dow]

Im Spritzgießprozess spielt auch die Startzeit der Reaktion eine entscheidende Rolle. Durch eine Anspringzeit der Vernetzung ist es möglich, dass das Material infolge der niedrigen Viskosität in Spalte (Trennebene, Auswerfer, Schieber etc.) gelangt und dann erst die Vernetzung startet. Gratbildung ist hier die Folge. Eine Abhilfe kann hier gute Werkzeugtechnik, aber auch eine Vortemperierung des Materials auf 50 – 70 °C im Kaltkanal oder durch den Einspritzvorgang (Scherwirkung) sein.

Die Topfzeit von vermischtem LSR beträgt bei Raumtemperatur ca. 3 bis 5 Tage. Deswegen muss darauf geachtet werden, dass das Spritzgießaggregat und der Kaltkanal bei längeren Standzeiten mit nur einer Komponente gespült werden. Eine vorzeitige Vernetzung kann durch Lagerung der Materialien im Kühl- oder Gefrierschrank bis zu 6 Monate hinausgezögert werden.

4.2.2.2 Festsilikonkautschuke (HCR)

Für die Vernetzung von Festsilikonkautschuken werden üblicherweise peroxid- oder platinvernetzende Systeme eingesetzt. Beide Varianten finden sowohl Anwendung in der Spritzgieß-, Formpress- und Extrusionstechnik. Generell ist es so, dass peroxidvernetzende im Gegensatz zu platinvernetzenden Systemen sehr lange (> 1 Jahr) lagerfähig sind.

Peroxidvernetzende Systeme zeigen im Vergleich zu additionsvernetzenden Materialien deutlich längere Reaktionszeiten und vernetzen dadurch langsamer. Dies ist gut in Bild 4.4 mit den Messkurven eines Vulkameters zu erkennen.

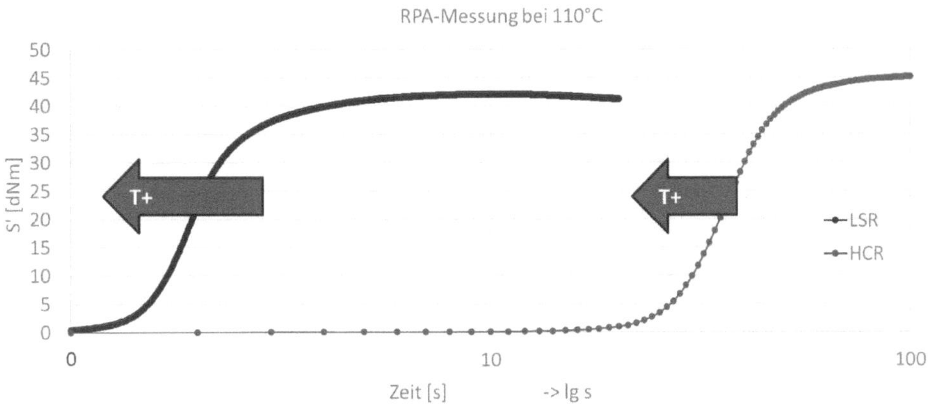

Bild 4.4 Vergleich der Vernetzungszeit von platin-vernetzendem LSR zu peroxidvernetzendem HCR

Eine vollständige Vernetzung des platinvernetzenden Systems (in diesem Fall LSR) ist bei ca. 10 s abgeschlossen, bei dem peroxidvernetzenden System bei ca. 50 s. Bei 180 °C nähern sich die Vernetzungszeiten an, wobei das additionsvernetzende Material ca. dreimal schneller vernetzt als das peroxidvernetzende System.

Natürlich hängt der Vernetzungsprozess bei peroxidvernetzenden Systemen immer auch vom eingesetzten Peroxid ab. Hier sind Anspringtemperaturen von 90° bis 170 °C einstellbar.

Für die Verarbeitungsverfahren Spritzgießen und Pressen gilt Ähnliches wie in Abschnitt 4.2.2.1 beschrieben. Bei der Extrusion ist für die Vernetzung entscheidend, mit welcher Intensität die Erhitzung des Extrudates erfolgt, um eine schnelle Vernetzung zu erreichen. Zum Beispiel kann im Schocktunnel (ca. 700 °C) auf einer Länge von 1 m mit hohen Abzugsgeschwindigkeiten im Sekundenbereich eine Formstabilität (ausreichende Vernetzung in den Randbereichen) erzeugt werden. Sehr oft werden aber so hohe Abzugsgeschwindigkeiten gefahren, dass Heizstrecken von 10 bis 100 m nötig sind, um das Extrudat vollständig zu vernetzen. Vor allem in der Kabelindustrie werden Tunnel eingesetzt, in denen das Kabel über Umlenkungen mehrfach durch den Tunnel fährt. Dies gilt sowohl für platin- wie auch peroxidvernetzende Typen.

Ein wichtiger Unterschied bei der Vernetzung von platinbasierten Systemen gegenüber peroxidbasierten Systemen ist, dass viel weniger flüchtige Bestandteile bei der Vulkanisation austreten und dadurch die Produktion sauberer wird. Bei peroxidvernetzenden Systemen entsteht bei der Vernetzungswärme zum einen Dichlorobenzyol, was sich als leichter Staub auf der Oberfläche der Bauteile bemerkbar macht und sich durch Tempern wieder in das System einbinden lässt. Des Weiteren können aus dem Vernetzer Bis-(2,4-dichlorbenzoyl)-peroxid sogenannte PCB (polychlorierte Biphenyle) entstehen, die als krebserregend gelten. Diese werden durch den Vernetzungsprozess hervorgerufen und können bei der Herstellung von Silikonprodukten austreten. Hier müssen unbedingt die Grenzwerte eingehalten werden.

Abschließend kann gesagt werden, dass bei peroxidvernetzenden Systemen eine Temperung in den meisten Fällen zwingend erforderlich ist. Bei platinvernetzenden Systemen kann indes oft darauf verzichtet werden, da wenig bis kaum flüchtige Bestandteile vorhanden sind. Generell kann aber für beide Systeme gesagt werden, dass bei einer Temperung die mechanischen Eigenschaften verbessert werden.

4.3 Verformungsverhalten

Wie der Name der Silikonelastomere schon verrät, sprechen wir von einem elastischen Material. Je nach Type kann das Material bis zu 1500 % gedehnt werden und geht nahezu wieder in seinen Ausgangszustand zurück. Das Material ist quasi ideal elastisch. Ebenso verhält es sich bei Druckbeanspruchung. Hier hat das Material hervorragende Eigenschaften im Rückstellverhalten, auch bei hohen Temperaturen und Drücken. Ebenso gut können Silikonelastomere dynamisch beansprucht werden. Hier können ohne nennenswerte Materialschädigungen Zyklen von über 10 000 000 Lastwechseln realisiert werden.

4.3.1 Zugbeanspruchung

In den Spannungs-Dehnungs-Diagrammen (Bild 4.5 und Bild 4.6) wird auf die Unterschiede von Silikonelastomeren und Thermoplasten eingegangen. Beide Diagramme zeigen die Unterschiede sehr gut auf.

In Bild 4.5 ist eine Zugprüfung eines Flüssigsilikonkautschuks (LSR) dargestellt. Auffällig ist, dass es fast keinen linearen Bereich (E-Modul) zu Beginn der Prüfung gibt. Der Wert für den E-Modul, der oft für Auslegungsberechnungen benötigt wird, ist bis heute messtechnisch nur schwer zu ermitteln. Danach steigt die Dehnung bis zum Bruch ziemlich linear an. Zugfestigkeitswerte liegen meist um den Faktor 10 niedriger als bei den Thermoplasten, sie liegen aber im Bereich von anderen Elastomeren wie EPDM oder SBR. Maximalwerte findet man von bis zu 12 MPa in den Datenblättern der Materialhersteller.

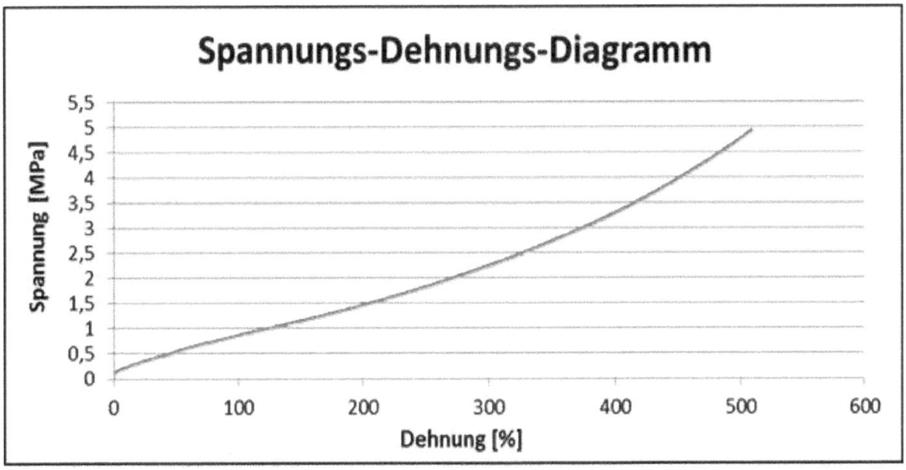

Bild 4.5 Spannungs-Dehnungs-Diagramm eines Elastomers aus Silikon

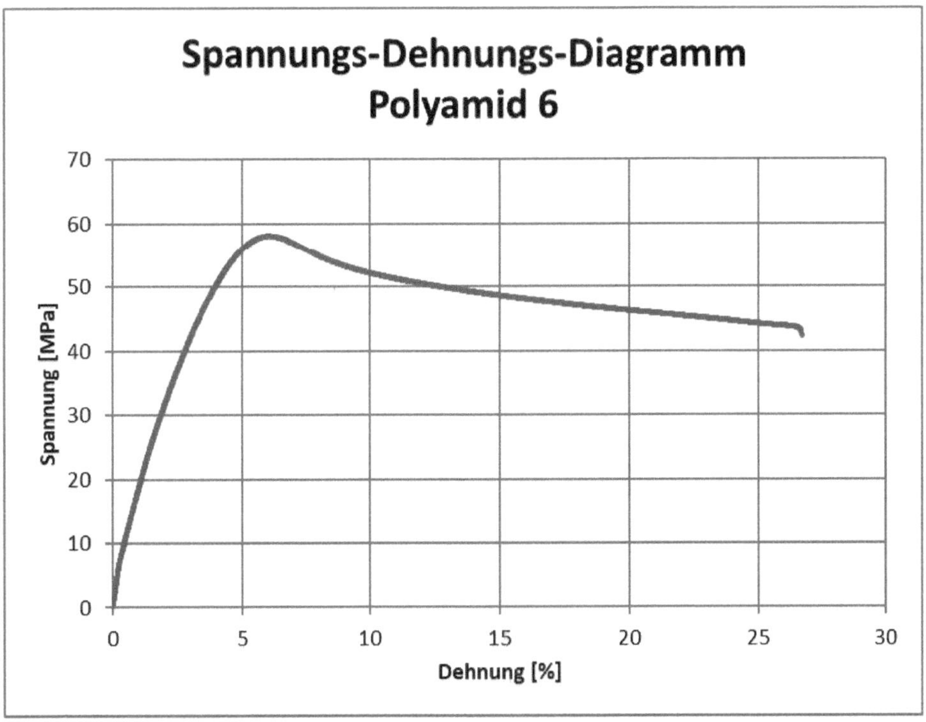

Bild 4.6 Spannungs-Dehnungs-Diagramm eines Thermoplasten (Polyamid 6)

4.3.2 Druckverformungsrest

Der Druckverformungsrest (DVR) gibt das Rückstellverhalten nach einer mechanischen statischen Belastung an. Er wird in der DIN ISO 815 beschrieben. Sehr oft werden bei Silikonelastomeren 175 °C bei 22 Stunden für die Prüfung angewendet. Idealerweise passt man die Prüfbedingungen den realen Verhältnissen an. In Bild 4.7 ist der Einfluss verschiedener Füllstoffe im HCR auf den DVR dargestellt. Rechts der Balken für ein ungefülltes Silikonelastomer. Je nach Füllstoffanteil und Art der Kieselsäure kann sich der DVR verändern.

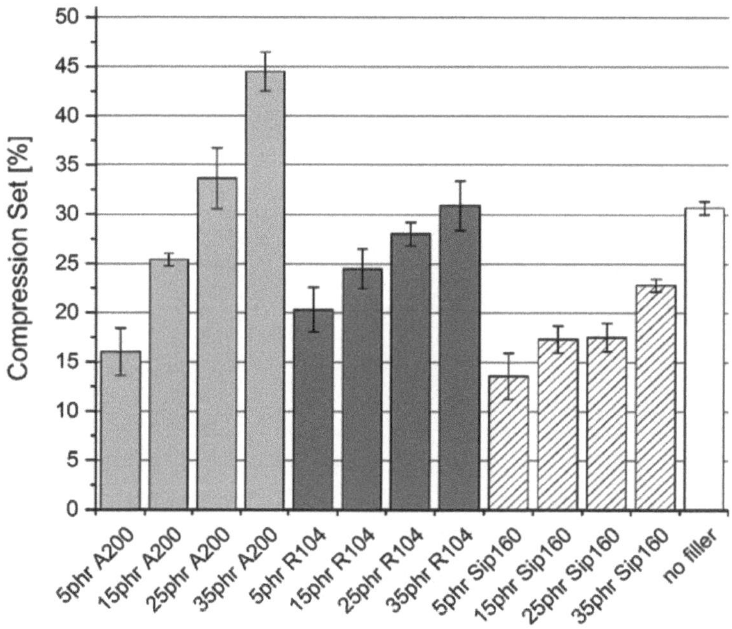

Bild 4.7 Druckverformungsrest in Abhängigkeit der Kieselsäure

Die Grafik verdeutlicht gut, wie man Silikonkautschuke bezogen auf den DVR einstellen kann. Niedrige DVR-Werte bedeuten ein sehr gutes Rückstellvermögen, hohe Werte hingegen ein schlechtes Rückstellverhalten. Der DVR kann in einem großen Bereich von 5 bis 50 %, je nach Silikonelastomer, liegen. Wichtig ist dieser Wert für Dichtungen, Unterlagen und Dämpfungen. Ein Tempern verbessert bei den meisten Silikonelastomeren den Druckverformungsrest deutlich.

4.3.3 Schwindung und Verzug

Das Problem von Schwindung und Verzug tritt vor allem direkt nach der Verarbeitung auf. Das heiße Fertigprodukt kühlt auf Raumtemperatur ab und nimmt im Idealfall die Abmaße der Formkontur im kalten Zustand an. Wanddickenunterschiede führen zu einem ungleichmäßigen Abkühlen des Bauteils und können Verzug ermöglichen, vor allem dann, wenn Bereiche noch nicht zu 100 % vernetzt sind und nachträglich im Abkühlvorgang vernetzen. Ebenso kann ein Spritzgießen mit Nachdruck zu einem hohen Druck in der Kavität führen, der direkt ins Bauteil geht. Nach der Entformung findet eine Entspannung statt, die zu einem Übermaß und Verzug führen kann.

Die Schwindung von Bauteilmaßen kann durch ein Tempern hervorgerufen werden. Flüchtige Bestandteile entweichen und führen so zu einem Masseverlust der Bauteile. Je nach benutztem Silikonkautschuk kann die Schwindung und auch der Masseverlust zwischen 0 und 3 % liegen.

4.4 Thermische Eigenschaften

Silikonelastomere sind dafür bekannt, dass sie im Gegensatz zu anderen Elastomeren in einem größeren Temperaturfeld eingesetzt werden können. Üblicherweise liegt der Gebrauchstemperaturbereich zwischen –50 °C und 200 °C. Darüber hinaus gelten Silikonkautschuke auch als schwer entflammbar und halten für kurze Zeit auch sehr hohen Temperaturen stand.

4.4.1 Temperaturbereich von - 50 °C bis 200 °C

Generell kann gesagt werden, dass Silikonelastomere bis zu einem Bereich von –50 °C kälteflexibel bleiben. Die Glasübergangstemperatur variiert je nach Messverfahren zwischen –70 °C und –110 °C. Ähnlich sieht es bei der Gebrauchstemperatur im Bereich von 200 °C aus. Bei dieser Temperatur kann das Material über Stunden eingesetzt werden ohne Schädigung zu erfahren. Bei Temperaturen über 200 °C kann das Material in der Benutzung irreparabel geschädigt werden. Als Beispiel ist hier die Reißfestigkeit für ein LSR in Bild 4.8 für verschiedene Temperzeiten und Temperaturen dargestellt.

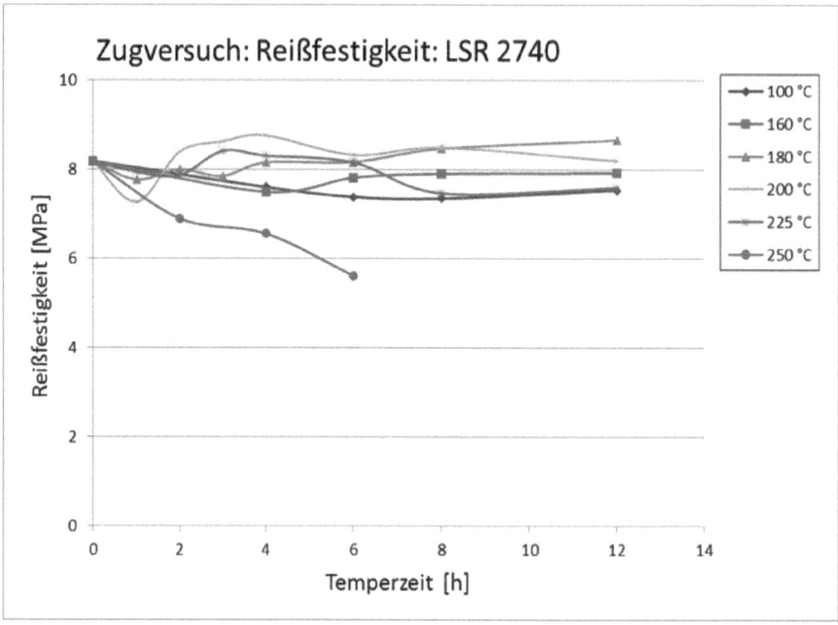

Bild 4.8 Reißfestigkeit eines LSR in Abhängigkeit der Lagerungszeit und -temperatur

Sehr gut zu erkennen ist, dass bei 250 °C doch relativ schnell eine Verschlechterung dieser mechanischen Eigenschaft auftritt, was auf einen Materialabbau hindeutet. Für die anderen Temperaturen sind keine großen Veränderungen feststellbar.

Bild 4.9 zeigt ebenfalls den Wert der Reißfestigkeit für einen Temperaturbereich von –40 °C bis 200 °C für verschiedene Elastomere. In Blau sind die Werte für ein Silikonelastomer dargestellt. Auffällig ist, dass die Werte nahezu konstant zwischen 10 und 12 N/mm^2 liegen. Die anderen Materialien haben im Temperaturbereich unter 50 °C deutlich höhere Festigkeitswerte, liegen aber im Temperaturbereich über 50 °C unter denen für Silikonelastomere.

Bild 4.9 veranschaulicht gut, welche Probleme bei der Auslegung von Bauteilen durch Temperaturunterschiede entstehen können. Für Silikonelastomere gilt, dass in diesem Temperaturbereich die meisten mechanischen Kennwerte gleich bleiben. Ausgenommen ist hiervon der Druckverformungsrest, dieser steigt bei den meisten Materialien mit steigender Temperatur und Lagerzeit an. In der Automobilindustrie muss deswegen der DVR oft für 1008 h bei 175 °C angegeben werden.

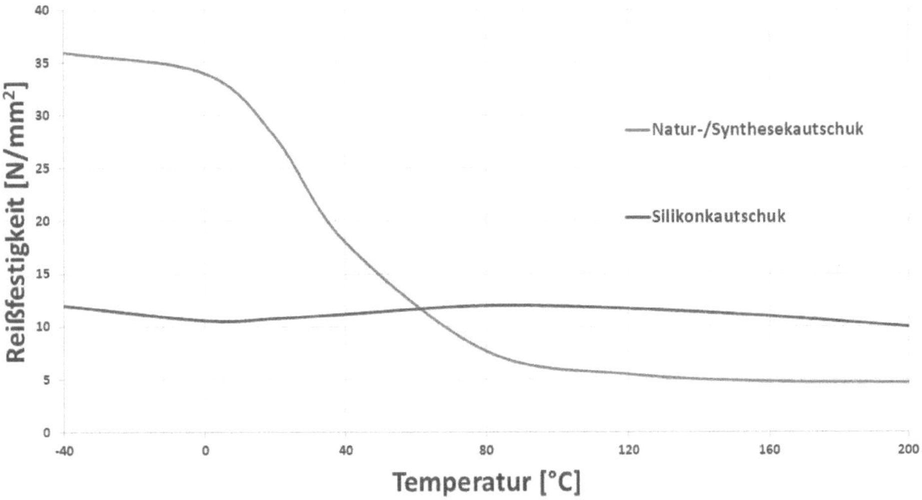

Bild 4.9 Vergleich der Reißfestigkeit verschiedener Elastomere in Abhängigkeit der Temperatur

4.4.2 Temperaturbereich über 200 °C

Silikonelastomere werden auch dort gerne eingesetzt, wo die Temperaturen 200 °C überschreiten. Eine kurzfristige Belastung schadet den meisten eingesetzten Materialien nur sehr wenig bis gar nicht. Bei längerer Beanspruchung über 200 °C können Hitzestabilisatoren (z. B. Heatban©) oder Fluorsilikonkautschuke (FVMQ) eingesetzt werden. Weiterhin gibt es von Materialherstellern (z. B. Wacker) Typen, die für mehrere Tage Temperaturen von 300 °C standhalten und ihre mechanischen Eigenschaften nicht wesentlich verändern. Selbst 400 °C für einige Stunden sind vorstellbar.

Bei Standardsilikonen findet der Materialabbau schon ab ca. 230 °C statt und der Werkstoff verliert damit seine sehr guten mechanischen Eigenschaften. Dennoch kann er über Stunden Sicherheitsfunktionen übernehmen, zum Beispiel den Flamm- und Brandschutz. Silikonelastomere sind in der Regel innerhalb von 300 s selbstlöschend. Mit speziellen Additiven können selbstlöschende Typen hergestellt werden, bei denen ein Feuer innerhalb von 10 s verlischt. Klassifiziert werden sie in der Regel nach der UL 94. Bild 4.10 zeigt deutlich, wie Flammschutzmittel in einem HCR wirken.

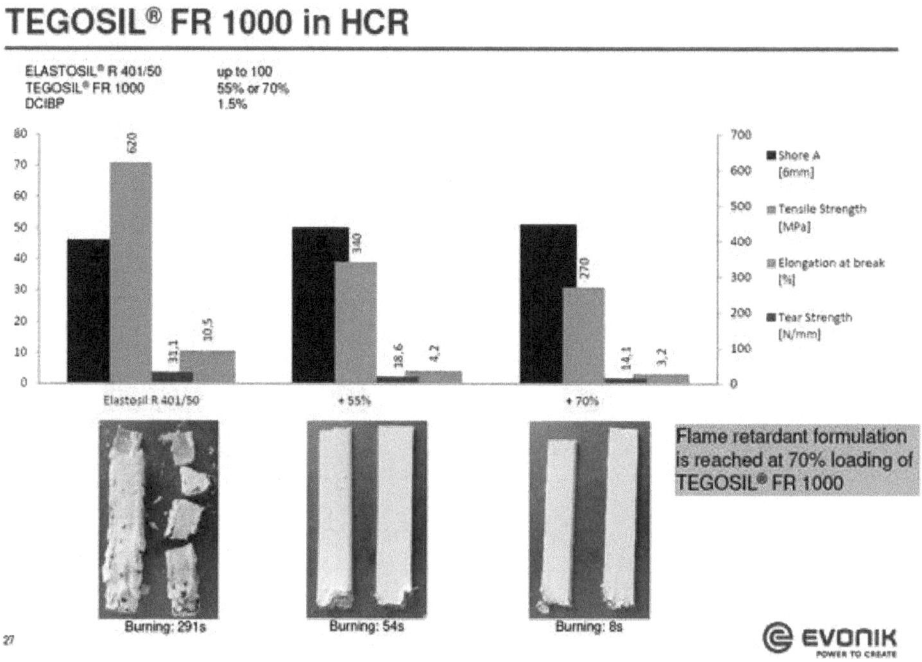

Bild 4.10 Wirkung von Flammschutzmitteln in Festsilikon

4.5 Mechanische Eigenschaften

Einiges zu den mechanischen Eigenschaften wurde schon in Abschnitt 4.3 beschrieben. Neben dem Zug- und Druckverhalten spielen folgende Eigenschaften eine wesentliche Rolle für Elastomere bzw. besonders für Silikonelastomere:

4.5.1 Härte

Die Härte ist der Widerstand, den ein Körper dem Eindringen eines anderen, härteren Körpers entgegensetzt [2]. Sie stellt sich ein durch Zusammenwirken von Netzwerkdichte, Füllstoff (-anteilen) und Wechselwirkungen zwischen Füllstoff und Polymer. Die Härte bei Elastomeren wird überwiegend im Shore-A-Bereich angegeben. Bei sehr weichen Silikonelastomeren wird der Wert in Shore 00 angegeben, dies können z. B. Werte für Geleinlagen oder sehr weiche Vergussmassen sein. In der Regel bewegen sich Silikonelastomere im Bereich von Shore A 10 bis Shore A 80. Bild 4.11 zeigt den Zusammenhang zwischen der Härte und weiteren mechanischen Eigenschaften bei Silikonelastomeren. Es wird ersichtlich, dass man sehr oft mit Materialien aus 50 oder 60 Shore A bei einer Bauteilauslegung startet. In diesem Bereich sind tendenziell gute bis sehr gute mechanische Eigenschaften vorzufinden. Hierzu zählt ein sehr guter Weiterreißwiderstand, eine hohe Reißfestigkeit und ein guter Druckverformungsrest. Benötigt man hohe Reißdehnungen, so sollte man Materialien im Bereich unter 30 Shore A wählen, im Gegensatz dazu liegen hohe Festigkeiten bei Werten zwischen Shore A 70 und Shore A 80 vor. Der Druckverformungsrest (DVR) ist generell gut ab einem Wert von 50 Shore A. Der schon erwähnte Weiterreißwiderstand hat seine besten Werte zwischen 40 und 60 Shore A.

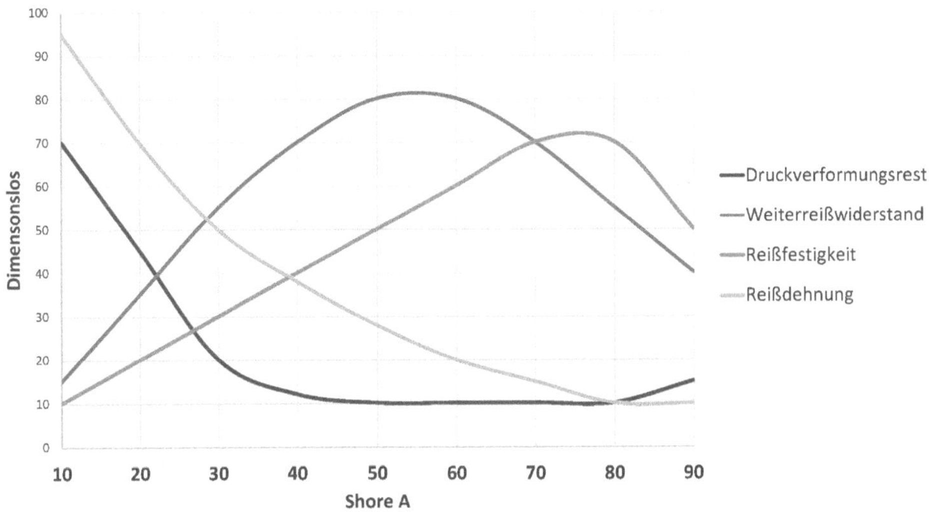

Bild 4.11 Mechanische Eigenschaften in Abhängigkeit der Shore A-Härte

Generell können mit allen Arten von Silikonkautschuken (HCR, LSR, RTV) die unterschiedlichen Härten eingestellt werden. In der Praxis sieht es aber so aus, dass man Festsilikone (HCR) im Bereich von Shore A 05 bis Shore A 90 am Markt erhält. Für Flüssigsilikonkautschuke (LSR) bieten die meisten Materialhersteller Typen im Bereich von 20 bis 80 Shore A an. RTV-Silikonkautschuke findet man vor allem im Shore-00-Bereich und bis 60 Shore A. Optische Silikonkautschuke haben meistens eine Härte im Bereich von 70 und 80 Shore A, dies liegt daran, dass andere Füllstoffe als die Kieselsäure verwendet werden.

4.5.2 Weiterreißwiderstand

Die Bedeutung des Weiterreißwiderstandes zeigt sich vor allem bei geschlitzten Silikonbauteilen. Bekannte Produktbeispiele sind Ventile und Trinksauger. Es gibt verschiedene Probekörper, die in der DIN ISO 34-1 oder ASTM D 624 B beschrieben sind, um den Weiterreißwiderstand zu ermitteln. Der Wert wird angegeben in N/mm oder

KN/m (Zugkraft/Probendicke). Orientierungseffekte im Polymer können zu unterschiedlichem Rissverhalten an Silikonbauteilen führen, was vor allem bei der Auslegung berücksichtigt werden muss.

Die Werte für Silikonkautschuke liegen im Bereich von 5 bis 31 N/mm. RTV-Typen haben sehr oft niedrige Werte im einstelligen Bereich. LSR-Typen liegen normalerweise im Bereich von 20 N/mm. Die besten Werte erreichen Festsilikone mit Werten an die 30 N/mm, das liegt oft daran, dass Compoundeure die Mischungen so einstellen, dass hohe Werte für die Weiterreißfestigkeit herauskommen. Mithilfe der Additivierung und Auswahl von geeigneten Füllstoffen kann der Wert für die Weiterreißfestigkeit stark beeinflusst werden.

Im Vergleich zu anderen Elastomeren liegen die Werte, je nach Mischung, im gleichen Bereich. EPDM hat ähnliche Werte, SBR und NBR liegen leicht darunter. TPE hingegen hat zum Beispiel bei Raumtemperatur Werte zwischen 50 und 200 N/mm.

4.5.3 Zug und Druck

Silikonelastomere haben ca. ein Zehntel der Zugfestigkeit von Thermoplasten, sie liegen im Bereich von 5 – 10 MPa. Wie für Elastomere typisch, können sie hohe Dehnungen erreichen, hier übertreffen sie auch fast alle Elastomere. Es gibt Typen, die bis 1500 % Dehnung erzielen. Des Weiteren zeigen Silikonelastomere sehr gute Rückstelleigenschaften nach einer Dehnbeaufschlagung. Dies kann mit dem Mullins-Effekt beschrieben werden. Hier hilft vor allem die gute Wechselwirkung zwischen dem auf Silizium basierenden Füllstoff der Kieselsäure und der Silizium-Sauerstoff-Polymerkette. Generell kann gesagt werden, dass bei hohen Shore-A-Werten eine hohe Reißfestigkeit vorliegt und bei niedrigen Shore-A-Werten dafür eine hohe Dehnung.

Das Druckverhalten von Silikonelastomeren zeichnet sich ebenfalls durch sehr gute Rückstelleigenschaften aus. Generell verbessert sich dieses Verhalten durch einen Tempervorgang. Hierbei muss aber auch immer je nach Anwendung und Gebrauchstemperatur unterschieden werden. Eine statische Dichtung zeigt je nach Gebrauchstemperatur und Zeit ein anderes Rückstellverhalten, hierfür wird der Druckverformungsrest (DVR) bestimmt. Bei einer dynamischen Druckbeanspruchung zeigt sich je nach Belastung (N) und Weg (mm) ein unterschiedliches Ergebnis für das verwendete Material. Bei kleinen Dehnungen und Stauchungen kann eine Membran zum Beispiel millionenfach betätigt werden, wobei hingegen bei hohen Stauchungen und hoher Last ein Versagen schon bei 1000 Zyklen einsetzen kann.

4.5.4 Haftung

In der Regel sind Silikonkautschuke auf anderen Substraten (Glas, Metall, Kunststoff) nicht haftend. Untereinander findet aber eine Haftung statt. So können z. B. RTV auf LSR haften und somit Weich-Weich-Verbunde hergestellt werden, eine Taucherbrille kann hier als Produkt erwähnt werden. Die einfachste Variante, Silikonkautschuke an Substrate zu binden, ist die mechanische Verankerung. Hier wird mit Durchbrüchen oder Hinterschnitten gearbeitet. Eine weitere Möglichkeit ist die Benutzung eines Primers, der sowohl eine chemische Bindung zum Silikon wie auch zum Substrat eingeht. Die Oberflächenvorbehandlung von Substraten ist auch denkbar. Hier bieten sich folgende Verfahren an: Plasma, UV-Ozon, Beflammung und Pyrosil. Mittlerweile bieten fast alle Silikonkautschukhersteller haftende Typen an. Dabei ist es egal, ob wir über ein RTV, HCR oder LSR reden. Das bekannte kondensationsvernetzende Silikon (Essiggeruch) für Abdichtungen im Sanitärbereich enthält zum Beispiel auch Haftvermittler. Diese sind so abgestimmt, dass sie auf Metallen oder Fliesen haften. Viele zur Verfügung stehende haftende Silikone sind speziell für eine Gruppe von Substraten ausgelegt. Beispiele hierfür sind Typen, die auf Metall gut haften. Andere Produkte haften gut auf Polyamid (PA) und Polybutylentherephthalat (PBT) [8]. Eine Kombination von Verfahren zur Erreichung einer Haftung ist durchaus denkbar, so kann z. B. eine Oberflächenvorbehandlung eines Substrates in Kombination mit einem haftenden Silikon einen sehr guten Haftverbund erzeugen.

4.5.5 Rückprallelastizität

Dort, wo Silikonelastomere als Dämpfer eingesetzt werden, kann der Wert der Rückprallelastizität eine wichtige Rolle spielen. Ansonsten wird er eigentlich nur zu Zwecken der Qualitätssicherung, z. B. für die Wareneingangsprüfung, verwendet. Betrachtet man die Werte in Prozent für ein Festsilikonkautschuk-Elastosil 401 der Wacker Chemie, so ist festzustellen, dass im Bereich von 30 bis 80 Shore A die Rückprallelastizität zwischen 50 und 60 % liegt. Einen Einfluss kann hier die Art des gewählten Peroxid- Vernetzers nehmen. Die Werte unterscheiden sich dann um ca. 5 %. Für ein Material derselben Klasse mit 20 Shore A liegt der Wert dann zwischen 35 und 40 %. Bei additionsvernetzenden Flüssigsilikonkautschuken der Typen Wacker Elastosil 3003 liegen die Werte bei um die 60 %, bei Shore-A-Härten von 70 und 80 sogar bei 70 %. Niedrigere Werte sind, wie beim HCR, für das Material mit Shore A 20 festzustellen, sie liegen im Bereich von 45 %. Für die gebräuchlichsten Silikonelastomere kann somit gesagt werden, dass der Wert im Bereich von 50 bis 65 % liegt. Weichere Silikonelastomere haben niedrigere Werte.

Im Vergleich zu anderen Elastomeren zeigt Silikon deutlich höhere Werte für die Rückprallelastizität, vor allem im Bereich um 80 Shore A.

4.6 Optische Eigenschaften

Silikonkautschuke sind von Hause aus transluzente bis transparente Materialien. Das bedeutet, dass viele Silikonkautschuke ohne Einfärbung durchsichtig sind. Standardsilikonkautschuke erreichen bei einer Wellenlänge von 450 nm eine Transmission von 70 %, bei 750 nm 88 %. Optische Silikonkautschuke hingegen zeigen über den gesamten Wellenlängenbereich zwischen 450 und 750 nm Transmissionswerte von 90 bis 95 %. Diese Werte liegen sogar über den am meisten verwendeten transparenten Thermoplasten wie PMMA und PC. Der Hauptunterschied zu Standardtypen ist, dass diese Kautschuke mit Silikonharzpartikeln gefüllt sind und nicht mit Kieselsäure. Silikonharze sind sehr klare Partikel. Nachteile sind aber, dass die mechanischen Eigenschaften nicht mehr an die der Standardtypen heranreichen, so ist die Zugfestigkeit, wie auch die Bruchdehnung, stark dezimiert. Des Weiteren sind optische Silikonelastomere nur in einem Bereich von 50 – 80 Shore A verfügbar und somit relativ harte Materialien. Bei der Verarbeitung zeichnen sich optische Silikonkautschuke durch ihr sehr niedrigviskoses Verhalten aus. Dies hat Vorteile, wenn man dünnwandige Bauteile mit langen Fließwegen herstellen möchte.

Die Vorteile von optischen Silikonelastomeren gegenüber Thermoplasten sind in Bild 4.12 aufgezeigt. Die guten Eigenschaften sind die UV-Beständigkeit, die Hitzebeständigkeit und das gute Verhalten bei Temperaturbelastung in Kombination mit Feuchte.

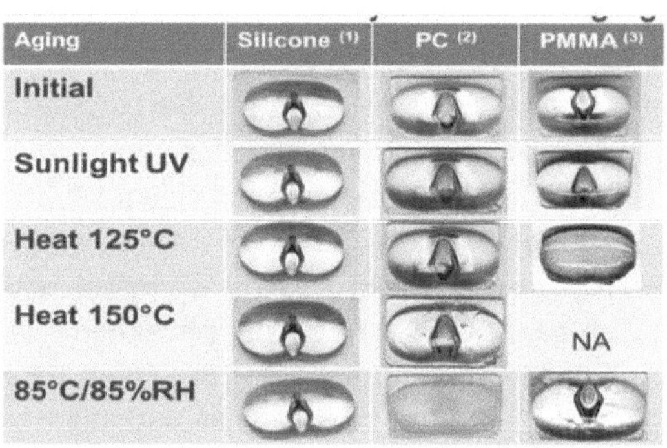

Bild 4.12
Vergleich von Silikon mit PMMA und PC unter verschiedenen Alterungsstufen

Anwendungen finden diese Silikonmaterialien immer häufiger in folgenden Bereichen: Verkapselung von LEDs, Linsenmaterial für Flutlichtanwendungen, flexible Lichtleiter.

4.7 Alterung

Silikonelastomere sind für ihre gute Beständigkeit gegen Temperatur, Licht und Medien bekannt. Nichtsdestotrotz gibt es aber auch bei Silikonelastomeren einen Abbau/eine Degradierung der Haupt- und Seitenketten unter den oben beschriebenen Einflüssen.

4.7.1 Temperaturbeständigkeit

Für Standardsilikonelastomere sind Einsatztemperaturen über einen längeren Zeitraum bis 200 °C üblich. Hier wird von einer Einsatzzeit bis zu einem Jahr gesprochen. Für eine Temperatur von 150 °C gelten sogar 2 bis 4 Jahre. Über 250 °C wird aber nur noch von einer Einsatzzeit von wenigen Wochen gesprochen. Bedenken muss man hierbei, dass das Silikon aber keiner großen mechanischen Belastung ausgesetzt ist. Untersuchungen des Druckverformungsrestes für 1008 h (6 Wochen) bei 175 °C zeigen eine deutliche Verschlechterung des Wertes und somit einen Abbau des Materials.

Will man Silikonelastomere bis zu Temperaturen von 300 °C einsetzen, können Fluor-Silikon-Kautschuke verwendet werden. Hierbei werden die Methylseitengruppen durch Fluoralkylgruppen ersetzt. Eine weitere Möglichkeit, die Beständigkeit zu erhöhen, ist z. B. die Additivierung des Kautschuks mit Aluminiumoxid. Weitere Additive können Eisenoxide oder Ruße sein. Mit den Additiven kann eine gute Beständigkeit bis 250 °C erreicht werden [7].

4.7.2 Medienbeständigkeit

Silikonelastomere sind weitmaschige Kunststoffe mit großen Freiräumen zwischen dem Polymernetzwerk. Trotz der unpolaren Oberfläche ist es möglich, dass sich Medien einlagern. Hierzu kann auch Wasser zählen und die Eigenschaften beeinflussen.

Allgemein bekannt ist, dass Silikone eine gewisse Unbeständigkeit gegen Fette, Öle und Benzin aufzeigen. Nach einer Lagerung in diesen Medien kommt es zuerst zu einem Aufquellen der Bauteile. Später beginnt dann auch die Degradation der Polymerketten und das Elastomer ändert seine Eigenschaften.

Silikonelastomere werden nur von wenigen gebräuchlichen Materialien angegriffen. Hierzu gehören konzentrierte Schwefelsäure, Fluorwasserstoff und Wasserdampf unter hohem Druck bei Temperaturen über 110 °C. Bei schwachen Basen und Säuren herrscht eine gute Beständigkeit, bei höheren Konzentrationen bzw. starken Basen und Säuren zersetzt sich das Silikonelastomer. Besonders bei höheren Einsatztemperaturen beschleunigt sich der Vorgang.

Viele Anbieter von Silikonbauteilen und Hersteller von Silikonkautschuken stellen Medienbeständigkeitslisten im Internet zur Verfügung. Eine ausgiebige Liste wird u. a. von Trelleborg [3] angeboten.

4.7.3 Lichtbeständigkeit

Silikonelastomere sind dafür bekannt, dass sie eine gute Beständigkeit gegen Licht haben. Hierzu zählen vor allem das UV- und das sichtbare Licht. Sie werden vor allem als Linsenmaterial vor LEDs eingesetzt. Hierbei hilft die Beständigkeit gegen hohe Temperaturen (150 °C), da sie viel besser ist als die von Thermoplasten wie Polycarbonat und PMMA. Hier werden Standzeiten bei gleichbleibender Transmission von 6480 h erreicht. Auch die Beständigkeit gegenüber phosphorkonvertierten blauen LEDs konnte nachgewiesen werden [5]. Ein weiterer Vorteil ist, dass Silikonelastomere abweisend gegen Feuchtigkeit sind und so weniger anfällig für Einsätze unter harschen Bedingungen, wie bei Lichtanwendungen im Außenbereich. Vorsichtig sollte man bei dem Einsatz in Salzwasser [6], z. B. in Schwimmbädern, sein, hier sinkt nach geraumer Zeit die Transparenz der Linsen, da eine Degradation im Silikon stattfindet.

Literatur

[1] Fabian Verheyen, Die Extrusion von Festsilikonkautschuk – eine Verfahrensanalyse, Dissertation, Kassel, 2019

[2] Wolfgang Grellmann, Kunststoffprüfung, Hanser-Verlag, 2024

[3] *https://www.trelleborg.com/seals/-/media/tss-media-repository/tss_website/pdf-and-other-literature/brochures/mat_chem_comp_de.pdf?rev=-1?&openpdf=1*

[4] Rauwendaal, C.: Polymer Extrusion, Hanser-Verlag, 2014

Weiterführende Literatur

[5] Kaup, M.; Fischer, B.: Scheinwerfer der Zukunft, Optik und Photonik, Volume 8, Issue3, 52 – 56, 2013

[6] Mehr, M.; van Driel, W.; DeBuyl, F.; Zhanf, K.: Study on the Degradation of Optical Silicone Exposed to Harsh Environments, Materials, 2018 Aug; 11(8), Basel

[7] M. Weiser, M. Demleitner, F. Wolff-Fabris, T. Hochrein, M. Bastian: Untersuchung des Alterungsverhaltens von Vergussmassen bei Hochtemperaturbelastungen. Für einen verbesserten Schutz von Leistungselektronik. Shaker Verlag Düren, 2020

[8] SOLID AND LIQUID SILICONE RUBBER MATERIAL AND PROCESSING GUIDELINES, Wacker Chemie AG, 2013

5 Compoundierung

Ralf-Urs Giesen

Die Compoundierung von Silikonkautschuken wird immer dann nötig, wenn der Materialhersteller keine Typen für besondere Anwendungen zur Verfügung stellen kann. Als Beispiele können hier Röntgenkontrastmittel oder Materialien mit einer speziellen Shore-A-Härte in einer kleinen Toleranz genannt werden. Das Compoundieren kann man auch als Mischen oder Additivierung von Silikonkautschuk sehen.

Für RTV und LSR spielt die Compoundierung in der verarbeitenden Industrie eine untergeordnete Rolle, da hier viele Materialtypen von vielen Materialherstellern verfügbar sind. Zudem ist es relativ einfach, Additive wie Farbe oder Kontrastmittel über die Additivzuführung der Dosieranlage in das Material einzubringen. Beim Festsilikonkautschuk (HCR) hingegen sieht es anders aus. Hier wird in der Regel dem Verarbeiter ein Basematerial zur Verfügung gestellt und der Verarbeiter oder ein Compoundeur mischt den Vernetzer, Kieselsäure, Additive in das Basematerial ein.

5.1 Gießtypen (RTV)

Die Herstellung von speziellen RTV-Compounds nach Kundenwunsch kann relativ einfach mit herkömmlichen Mischwerkzeugen erreicht werden. Im einfachsten Fall, bei niedriger Viskosität, reicht ein herkömmlicher Handmixer aus dem Haushaltswarenbereich. Die mit eingemischte Luft kann mittels eines Exsikkators (Vakuum) entfernt werden. Für größere Mengen bieten sich Rührwerke oder Speedmixer an. In Bild 5.1 ist ein Speedmixer zu sehen.

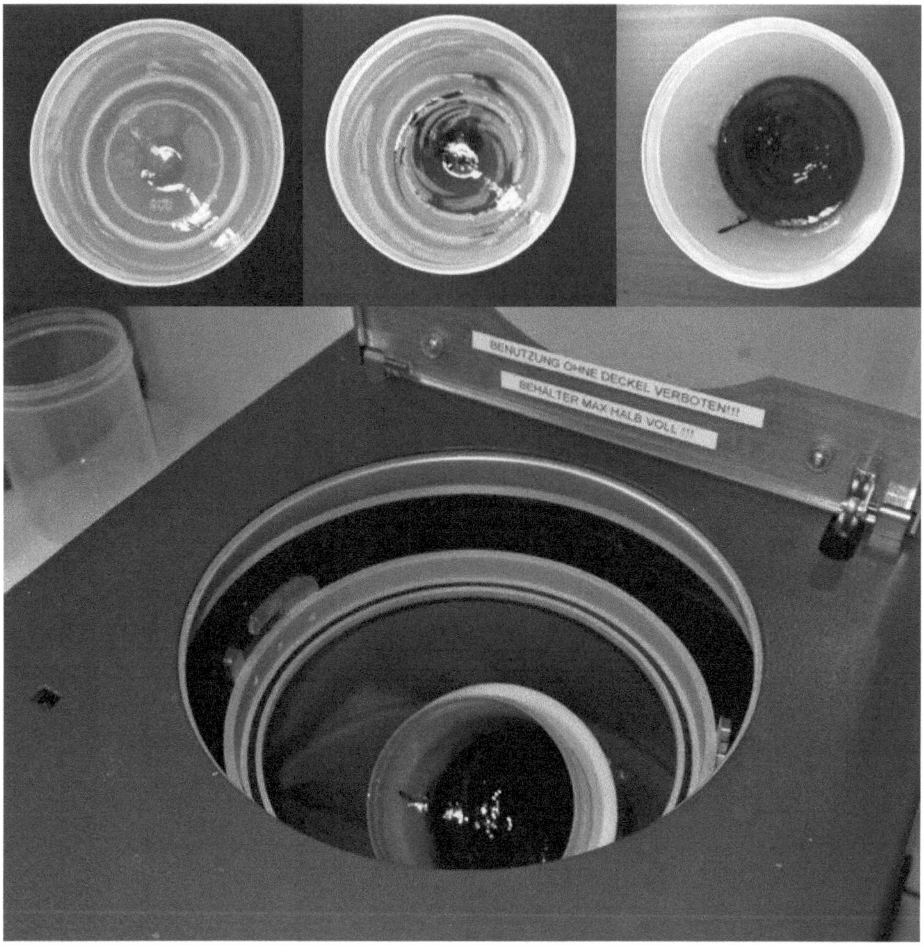

Bild 5.1 Taumelmischer

Beim Speedmixer handelt es sich um eine Art Zentrifugalmischer [1], bei dem der Mischbecher einer doppelten Rotation ausgesetzt ist. Durch die auf unterschiedlichen Ebenen wirkenden Zentrifugalkräfte gibt es einen effizienten Mischprozess. Dieser Mischer ist für Mengen bis 10 000 g sehr gut geeignet. Additive werden vorher zusammen mit dem Silikonkautschuk in den Mischbecher gegeben.

Eine weitere Möglichkeit, RTV-Typen zu compoundieren, bieten Planetendissolver [2]. Sie verfügen über zwei getrennte Antriebe. Hierdurch wird der Betrieb eines langsam laufenden Planetenrührwerkzeugs unabhängig vom hochtourigen Dissolver möglich. Die Drehzahlen lassen sich stufenlos einstellen und ermöglichen somit eine besondere Behandlung des Mischguts. Durch den Dissolver können gezielt hohe Scherkräfte auf das Produkt ausgeübt werden. Das Planetenrührwerkzeug erzeugt somit eine gute Vermischung selbst bei höchster Viskosität. Außerdem läuft auch noch ein

Wandabstreifer mit um, der das Produkt in Richtung Behältermitte fördert. In Bild 5.2 ist ein Planetendissolver dargestellt.

Bild 5.2
Dissolver

Aufgrund der niedrigen Viskosität können auch einfache Rührwerke oder Dissolver genutzt werden. Wichtig ist, dass man eine gleichmäßige Mischung bekommt, idealerweise erkennt man diese durch Einbringen von Farbstoffen.

5.2 Festsilikonkautschuk (HCR)

Die Materialaufbereitung von Festsilikonkautschuk findet heutzutage batchweise, also diskontinuierlich, auf Walzwerken oder Innenmischern statt. Wie schon erwähnt werden dem Festsilikonkautschuk (Basematerial) Additive wie Farbe, Verarbeitungshilfen und Vernetzer zugemischt. Der Mischprozess unterliegt heutzutage immer noch stark dem menschlichen Bediener, da er die Additive meistens ohne Hilfsmittel (nicht automatisiert) zugibt. Zudem beurteilt er visuell, ob die Mischung in Ordnung ist. Erste Versuche gibt es von Unternehmen wie Uth oder Rubicon, Maschinen für das kontinuierliche Mischen in den Markt zu bringen.

Das Walzwerk [3] ist ein vielseitiges Misch- und Homogenisieraggregat, welches aus einem horizontal angeordneten, gekühlten Walzenpaar besteht. Die dispersive Mischwirkung im Walzenspalt wird durch eine individuell einstellbare Drehzahl der einzelnen Walzen gesteuert, somit wird Friktion [4] erzeugt. Ein modernes Laborwalzwerk ist in Bild 5.3 dargestellt. Hierzu zählen vor allem ausreichende Sicherheitstechnik und ein Display mit Darstellung der Maschinenparameter. Auf dem Walzwerk in Bild 5.3 können Mischungen bis zu einem Kilogramm hergestellt werden.

Bild 5.3 Laborwalzwerk

In der Industrie werden deutlich größere Walzwerke mit Batchgewichten von bis zu 100 kg eingesetzt. Solch ein Walzwerk ist in Bild 5.4 zu sehen.

Bild 5.4 Industrielles Walzwerk

Die Mischwirkung wird im Walzenspalt erreicht zum einen durch die Friktion und zum anderen durch die Größe des Walzenspalts. Mit der Friktion wird vor allem das dispersive und das distributive Mischen ermöglicht. Ein Mischvorgang dauert ca. 30 Minuten. Einen Durchlauf nennt man Fällen. Ist der Bediener mit der Mischgüte einverstanden, so wird das Material zur Sicherheit noch einmal 3–6-mal gefällt.

Die zweite häufig angewendete Methode ist das Mischen in einer Kammer. Hierbei spricht man von Innenmischern [5], da in einer geschlossenen Mischkammer, welche mit zwei tangierenden oder ineinandergreifenden Rotoren ausgestattet ist, gearbeitet wird. Bei manchen Ausführungen wird noch zusätzlich ein Stempel eingesetzt, der die Mischkammer nach oben hin abschließt. Mit diesem Stempel kann ein zusätzlicher Druck erzeugt werden, um den Prozess zu verbessern. Kürzere Mischzeiten im Vergleich zum Walzwerk sind die Folge. In der Silikonverarbeitung werden aber vorrangig Innenmischer ohne Stempel eingesetzt. Ein typischer Innenmischer ist der in Bild 5.5 gezeigte CTM der Firma Colmec. Dieser ist in verschiedenen Größen erhältlich.

Bild 5.5 Doppelschnecken-Innenmischer

Vorteile von Mischern mit einer Mischkammer sind, dass vor allem Füllstoffe, die staubartig sind, nicht entweichen können und somit eine bessere Prozesssicherheit als beim Walzwerk erreicht werden kann. Zudem ist es einfacher, durch die gegebene Anlagentechnik reproduzierbare Mischungen herzustellen. Ein weiterer Vorteil ist, dass die Anlagen viel sicherer als ein Walzwerk sind und auch der körperliche Einsatz des Bedieners begrenzt wird, da kein Fällen des Materials nötig ist. Ein Nachteil von Innenmischern ist, dass sie oft Totzonen besitzen, in denen keine Mischwirkung beim Material eintritt.

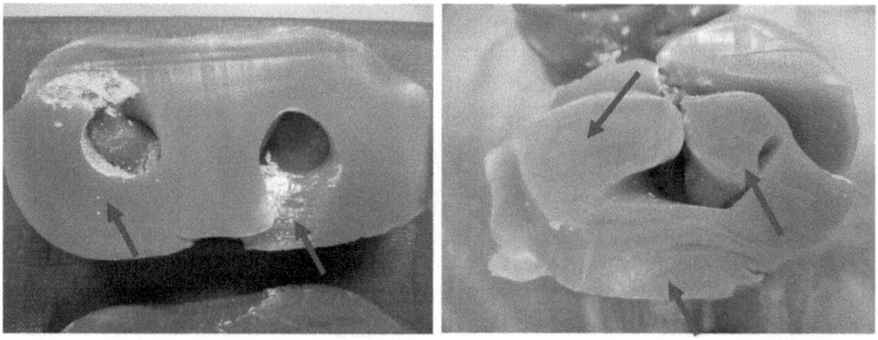

Bild 5.6 Mischgüte (links: Füllstoff nicht vollständig eingearbeitet, Agglomerate deutlich sichtbar; rechts: kein homogenes Farbbild, Schlieren noch deutlich erkennbar)

In Bild 5.6 sind verschiedene nicht gut durchmischte Compounds zu erkennen; links mit Anhäufungen von Agglomeraten und rechts mit nicht eingefärbten Stellen.

Literatur

[1] Baur, E.; Brinkmann, S.; Osswald, T.; Rudolph, N.; Schmachtenberg, E.: Saechtling Kunststoff Taschenbuch, Hanser-Verlag, München, 2013

[2] Maier, R.; Schiller, M.: Handbuch Kunststoff-Additive, Hanser-Verlag, München, 2016

[3] Eyerer, P.; Hirth, T.; Elsner, P.: Polymer Engineering, Springer-Verlag, Berlin Heidelberg, 2005

[4] Elsner, P.; Eyerer, P.; Hirth, T.: Kunststoffe, Springer-Verlag, Heidelberg, 2012

[5] Röthemeyer, F.; Sommer, F.; Kautschuktechnologie, Hanser-Verlag, München, 2013

6 Verarbeitung

Ralf-Urs Giesen

In diesem Kapitel wird auf die unterschiedlichen Verarbeitungstechniken für Silikonkautschuke eingegangen. Die hier beschriebenen Verfahren sind oft auf eine Mehrzahl von Silikonkautschuktypen anwendbar. Als Beispiel sei hier das Spritzgießen genannt, welches man mit HCR und LSR problemlos durchführen kann. Zum Ende des Kapitels wird auch auf die Möglichkeit eingegangen Silikonkautschuke mit anderen Materialien, wie Thermoplasten oder Metallen, zu verbinden. Hierfür kommt zum Beispiel die Kleb- oder Mehrkomponententechnik infrage.

6.1 Gießen

Das Gießen kann die einfachste Methode zur Fertigung von Silikonelastomerteilen sein. Dieses Verfahren wird gerne im Modell- und Prototypenbau angewendet. Mit einfachen Negativformen können Konturen sehr gut abgebildet werden. Das kann von Körperteilen bis hin zu einfachen Bauteilen wie Backformen gehen. Darüber hinaus spricht man auch vom Gießen, wenn mit einer Dosiervorrichtung niedrigviskose raumtemperaturvernetzende Silikonkautschuke (RTV) verarbeitet werden. Als Produktbeispiele können hier Zitzengummis für Melkmaschinen oder hochtransparente Vergussmassen für die LED-Technik genannt werden.

6.1.1 Dosiertechnik

Zur Verarbeitung benötigt man üblicherweise zuerst ein Dosiersystem, dass das Material zur Verfügung stellt. Bei Gießtypen wird üblicherweise mit Zweikomponentensystemen gearbeitet. Hier gibt es je RTV-Type und Hersteller unterschiedliche Mischungsverhältnisse. Üblich sind Mischungsverhältnisse von 1:1 oder von 10:1. Die Dosieranlagen können diese Mischungsverhältnisse individuell einsetzen. Es gibt Kolbendosieranlagen und Zahnraddosieranlagen.

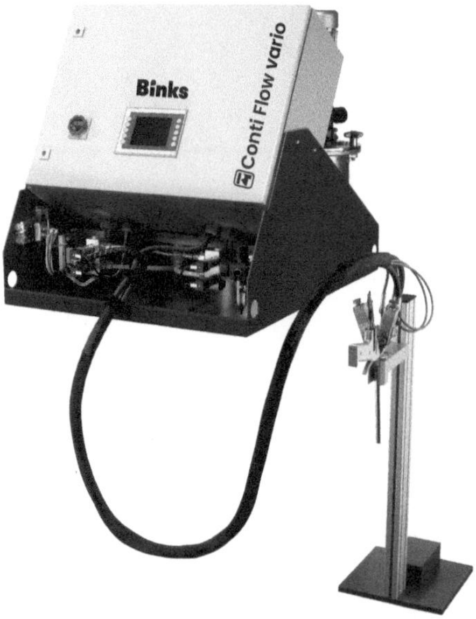

Bild 6.1
Dosieranlage für niedrigviskose Materialien [Reinhardt-Technik GmbH]

Bild 6.2
Dosieranlage für niedrigviskose Materialien [Rehmatec]

Bei der Dosierung werden die Komponenten A und B durch Pumpen hin zu einem Mischer geführt. In Bild 6.2 sind solche Pumpen dargestellt. In dem Mischer werden die Komponenten vermischt und es entsteht ein reaktionsfähiges Material. Die Mischer können nach unterschiedlichen Prinzipien arbeiten: statisch, dynamisch, statisch-dynamisch.

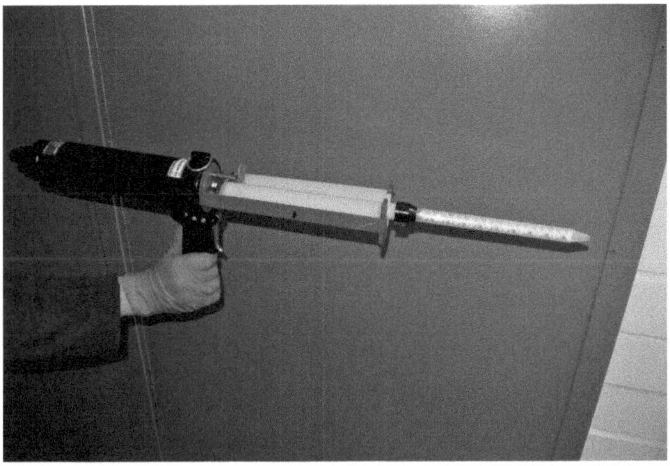

Bild 6.3 2-Komponenten Handdosiergerät mit Druckluftanschluss

In Bild 6.3 ist eine Handpistole dargestellt, die zum Befüllen von Formen genutzt werden kann. Es gibt aber auch Misch- bzw. Dosierköpfe, die auf den Anguss der Form montiert werden können. Hiermit können dann höhere Einspritzdrücke realisiert werden. Zu sehen ist dies in Bild 6.4.

Kondensationsvernetzende RTV-Silikonkautschuke (1-K) werden hauptsächlich als Vergussmassen verwendet. Diese können über eine Kartuschenpistole (im einfachsten Fall) oder über eine Einkomponenten-Pumpenanlage mit Dosiernadel dosiert werden.

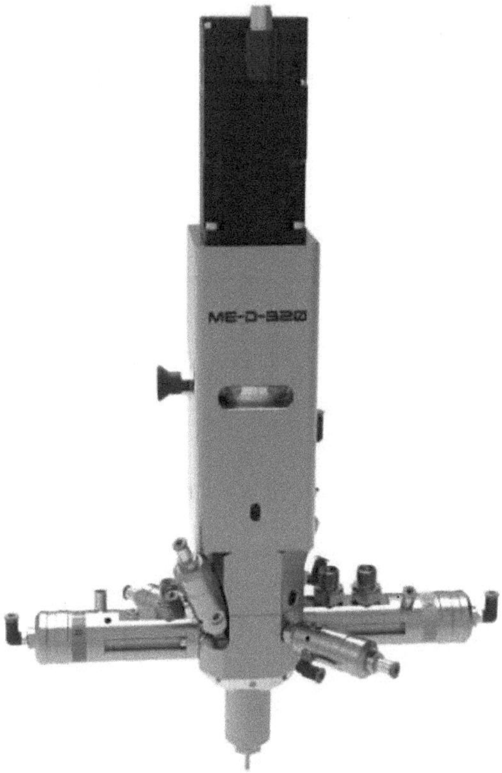

Bild 6.4
Mischeinheit für niedrigviskose Silikonkautschuke [REHMATEC]

6.1.2 Werkzeugtechnik

Das Feld der möglichen Werkzeugtechnik und -materialien ist groß. Es reicht von einfachen Gips- oder Harzformen bis hin zu volltemperierten Metallformen mit Vakuum- und Auswerfertechnik. Auf Letztere wollen wir hier näher eingehen.

Da mit RTV-Silikonen oft große Bauteile hergestellt werden, wird bevorzugt Aluminium als Werkzeugmaterial verwendet. Das Material muss keinen hohen Schließdrücken standhalten. Des Weiteren ist die Bearbeitung der Kavitäten und auch die Herstellung von Temperierkanälen mit Aluminiumwerkzeugen einfacher. Ein weiterer Vorteil ist die gute Wärmeleitfähigkeit für Heiz- und Abkühlvorgänge. Das Schließen der Werkzeuge kann über Schrauben, Klemmen oder Pressen erfolgen. Um ein blasenfreies und voll ausgeformtes Bauteil zu bekommen, ist es sinnvoll, die Luft aus den Kavitäten zu entfernen. Dies geschieht mit einem Vakuum. Zudem sollten Überläufe vorgesehen werden. Bei großen Bauteilen können auch mehrere Anspritzpunkte zur schnelleren und sicheren Formfüllung dienen.

6.1.3 Anlagentechnik

Neben der Dosier- und Werkzeugtechnik werden in der Serienanwendung oft sogenannte Werkzeugträger verwendet. Diese halten das Werkzeug und ermöglichen ein Öffnen und Schließen. Diese Systeme können händisch, pneumatisch oder hydraulisch bedient werden. In der Silikonverarbeitung können ähnliche Werkzeugträger wie in der PUR-Verarbeitung verwendet werden. Exemplarisch ist hier eine stationäre Anlage der Firma Hübers dargestellt (Bild 6.5).

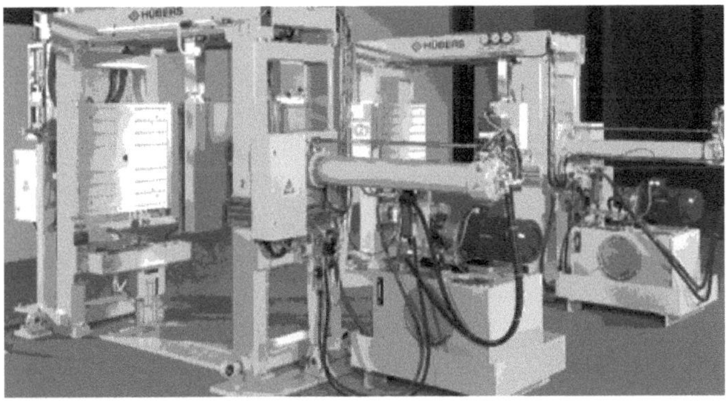

Bild 6.5 Werkzeugträger der Fa. Hübers zur Aufnahme von Werkzeugen [Hübers 2024]

In Bild 6.6 ist eine Komplettanlage der Firma Hübers zu sehen. Im Vordergrund die Dosiertechnik, im Hintergrund der Werkzeugträger.

Bild 6.6 Anlage zur Verarbeitung von RTV-Silikon [Hübers 2024]

Nachdem das RTV-Material über die Misch- und Dosiertechnik zur Verfügung steht, wird es in die Werkzeugform gefüllt. Dies kann unter Druck, aber auch als Gießen stattfinden. Bei großen geschlossenen Werkzeugen sollten dabei lange Fließwege beachtet werden. Das Material hat normalerweise Raumtemperatur beim Füllvorgang, somit findet noch keine unmittelbare Vernetzung statt und die Form kann mit niedrigen Drücken gefüllt werden. Dies gilt auch für lange Fließwege. Da eine Vernetzung mit steigender Temperatur schneller abläuft, werden die Werkzeuge beheizt, um die Zykluszeit zu minimieren. Dieser Heizvorgang startet nach der Formfüllung. Bei RTV wird mit Werkzeugtemperaturen bis 70 °C gearbeitet. Nach der Vernetzung wird das Bauteil entformt. Je nach Prozess wird das Werkzeug vor oder nach der Entformung abgekühlt. Da RTV sehr niedrigviskose Materialien sind, neigen sie zur Gratbildung in den Werkzeugtrennebenen. Eine Nacharbeit ist oft erforderlich, um das Bauteil zu finalisieren.

6.2 Pressen

Das Pressen von Silikonkautschuk ist neben dem Gießen eine weitere einfache Methode Silikonelastomere herzustellen. Bei diesem Verfahren wird meistens Festsilikonkautschuk eingesetzt. Um ein Silikonteil herzustellen, benötigt man ein Werkzeug und eine beheizte Presse. Üblicherweise wird das Pressen bei geringen Stückzahlen oder in der Prototypenphase eingesetzt.

6.2.1 Maschinentechnik

Für das Pressen von Silikonformteilen kommen einfache Heizpressen zum Einsatz. Überwiegend werden folgende drei Bauformen für das Pressen verwendet: hydraulische Etagenpressen, Kniehebelpressen, Maulpressen (Bild 6.7).

Die Pressen besitzen alle einen starren Rahmen, über den die Kräfte aufgenommen werden, eine Ober- und Unterplatte zur Aufnahme der Heizplatten und einer Schließeinrichtung, die je nach Pressenvariante unterschiedlich ausgeführt ist.

Die thermische Energie zum Vulkanisieren der Bauteile kann über Heißwasser, Dampf, Thermoöl oder elektrischen Strom in die Heizplatten eingebracht werden. Üblicherweise finden in der Silikonverarbeitung aufgrund der hohen Vernetzungstemperaturen Heizpatronen Anwendung.

Die Zufahrbewegung der Presse kann je nach Bauart mechanisch über einen Kniehebel oder hydraulisch erfolgen.

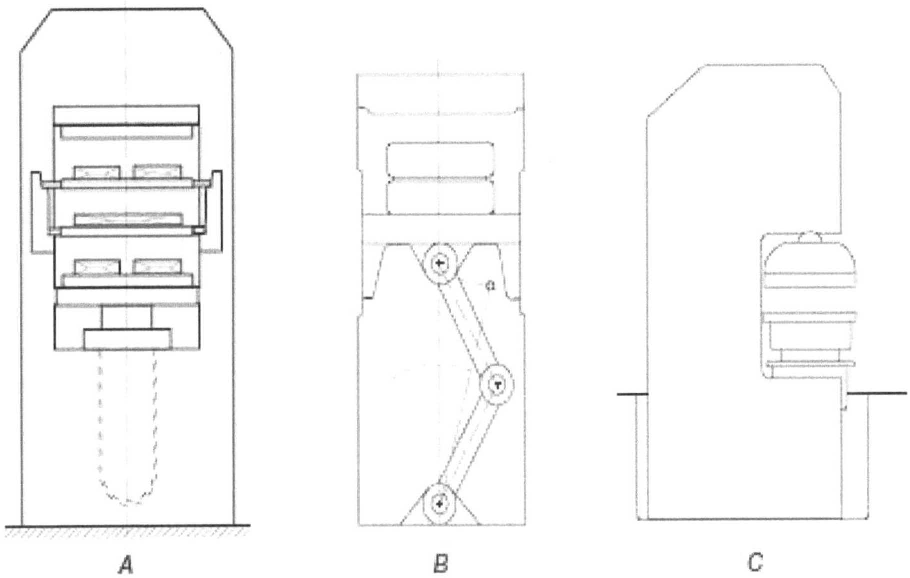

Bild 6.7 Pressenbauarten [Kautschuk Technologie, Hanser-Verlag]
A Hydraulische Etagenpresse, B Kniehebelpresse, C Maulpresse

Während bei einer Etagenpresse mehrere verschiedene Werkzeuge zwischen die Pressenplatten gelegt werden können, ist eine Maulpresse aufgrund ihrer guten Zugänglichkeit sehr beliebt. Die Maulpresse besitzt drei offene Seiten und eignet sich daher gut für Werkzeuge, bei denen Einlegeteile vor und nach der Vulkanisation entnommen bzw. einlegt werden müssen. Die Kniehebelpressen erlauben ein schnelles Öffnen und Schließen der Pressplatten. Durch die hohen Geschwindigkeiten sollten hier im Gegensatz zu den Etagenpressen die Werkzeuge immer fest mit den Pressplatten verbunden sein.

6.2.2 Werkzeugtechnik

Die Werkzeugtechnik für ein Pressenwerkzeug folgt meist einem relativ einfachen Aufbau. In der Regel ist es ein zweiplattiges Werkzeug, das indirekt über die Pressplatten beheizt wird. In eine der beiden Platten können zum besseren Entformen der Formteile Austriebsnuten eingebracht sein. Die Pressenwerkzeuge können für kleine Stückzahlen aus Aluminium gefertigt sein, bei Serienproduktionen eignen sich einfache Stahlwerkzeuge besser.

6.2.3 Prozess

Nachfolgend wird der Pressprozess von Silikonformteilen erläutert. Zu Beginn des Pressvorgangs wird die unvulkanisierte Silikonmischung auf der unteren Formplatte platziert. Anschließend wird die Presse zusammengefahren. Der Druck, der beim Zufahren der Platten entsteht, ist für die Formgebung des Bauteils maßgeblich. Die Höhe des Drucks, der zum vollständigen Ausformen der Kavität benötigt wird, ist abhängig von der Viskosität des Silikonkautschuks und den Fließwiderständen im Werkzeug. Dieser Druck muss von der Schließeinheit der Presse aufgebracht werden. Um ein vollständiges Füllen der Kavität zu gewährleisten, sind Pressenwerkzeuge üblicherweise mit einer Überlaufnut in der Trennebene ausgestattet. Somit wird für einen Pressvorgang immer mehr Material in die Form gegeben, als das tatsächliche Volumen des Bauteils beträgt (Bild 6.8).

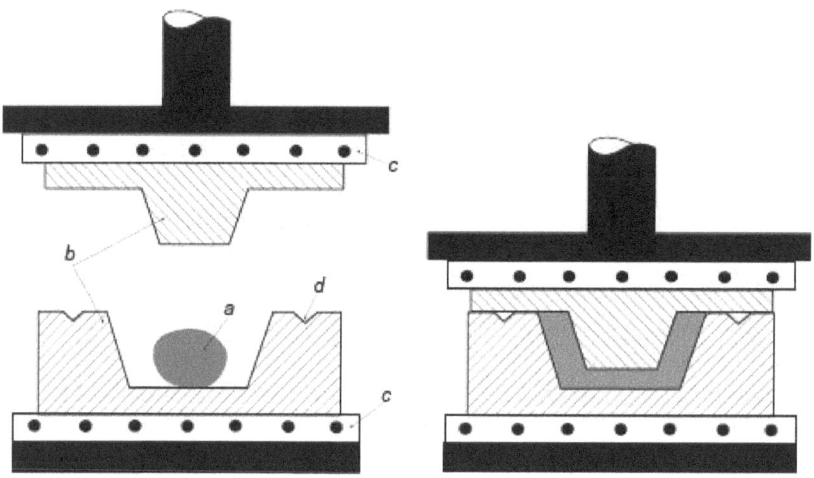

Bild 6.8 Prinzipdarstellung des Pressverfahrens [Kautschuk Technologie, Hanser-Verlag]

Die für die Vulkanisation nötige Wärme wird indirekt durch die beheizten Pressplatten in das Silikon übertragen. Da Silikonkautschuk ein schlechter Wärmeleiter ist, dauert der Vulkanisationsprozess in der Regel relativ lange. Je nach Wandstärke des Bauteils kann es zu starken Unterschieden zwischen den Vernetzungsgraden in der Randschicht und im Kern der Silikonbauteile kommen. Da die Wärme am langsamsten in den Kern gelangt, ist die Vernetzung des Bauteilkerns der die Zykluszeit limitierende Faktor. Um eine gleichmäßige Vulkanisation des Bauteils zu gewährleisten, wird ein anschließender Tempervorgang zum Nachvernetzen der Bauteile empfohlen.

Nach dem Tempern sind noch kleine Nacharbeiten am vernetzten Elastomer notwendig. Das Material, das den Überlauf gefüllt hat, muss nachträglich entweder händisch oder über eine Stanzform abgetrennt werden.

6.3 Transfer-Molding

Der Transfer-Molding-Prozess ähnelt dem in Abschnitt 6.2 beschriebenen Pressprozess. Ein wesentlicher Unterschied ist die Werkzeugtechnik der beiden Verfahren. Transfer-Molding wird im Unterschied zum Pressen bei filigranen Bauteilen eingesetzt. Auch hier findet wieder üblicherweise Festsilikonkautschuk Anwendung.

6.3.1 Maschinentechnik

Die Maschinentechnik ist für das Transfer-Molding die Gleiche, die unter Abschnitt 6.2.1 erwähnt wurde.

6.3.2 Werkzeugtechnik

Im Vergleich zu dem unter Abschnitt 6.2 beschriebenen Pressen ist einer der Hauptunterschiede, dass ein Transfer-Molding-Werkzeug aus mindestens drei Werkzeugplatten besteht. In eine dieser Werkzeugplatten sind Einspritzkanäle eingebracht. Neben den Einspritzkanälen besitzen die Werkzeuge einen Transferzylinder, mit dem der Silikonkautschuk durch die Einspritzkanäle in die Kavitäten transferiert. Der Querschnitt des Transferkolbens sollte mindestens so groß sein wie der Querschnitt der projizierten Artikeloberfläche, da sich sonst beim Einspritzvorgang das Werkzeug öffnen kann.

Da bei Transfer-Molding-Werkzeugen üblicherweise nicht mit Überlauf gearbeitet wird, sollte nach dem Schließen und vor dem Füllen evakuiert werden, um eingeschlossene Luft aus der Kavität zu entfernen. Wenn es keine Möglichkeit gibt, das Werkzeug zu evakuieren, besteht auch die Möglichkeit eine Entlüftungsbohrung am Ende der Kavität einzubringen. Bild 6.9 zeigt ein Werkzeug im Querschnitt in einer Presse sowie den Verfahrensablauf.

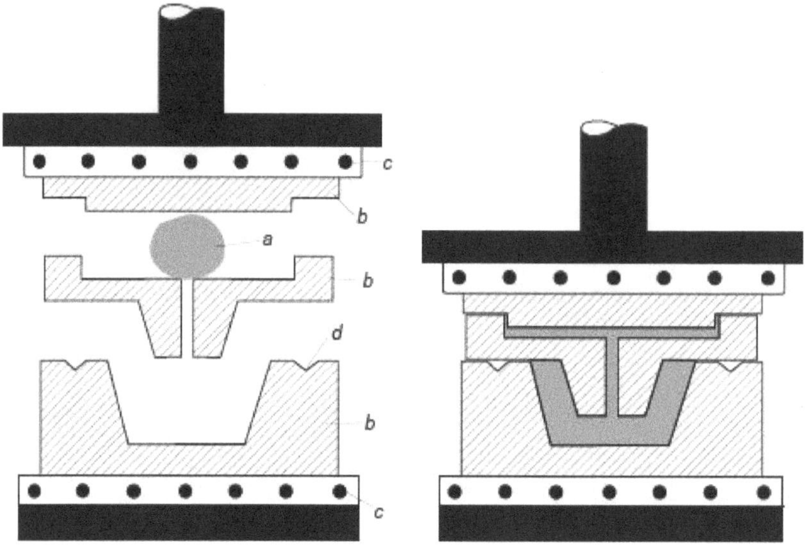

Bild 6.9 Prinzipdarstellung des Transfer-Molding-Verfahrens [Kautschuk Technologie, Hanser-Verlag]

6.3.3 Prozess

Der Prozess startet mit dem Einlegen der kalten Silikonmischung in den Transferzylinder. Durch Zufahren des Werkzeuges wird das Material mithilfe des Transferzylinders durch die Einspritzdüsen in die Kavitäten gedrückt. Neben der Wärmeleitung durch die Pressplatten wird das Material noch zusätzlich durch Wärmedissipation erwärmt. Da durch den Transferzylinder und die Einspritzdüsen höhere Drücke beim Füllen der Kavitäten erreicht werden, ist es mit dem Transfer-Molding möglich, deutlich längere Fließwege zu füllen und detaillierte Produkte herzustellen.

Die Vulkanisation nach Abschluss des Einspritzprozesses findet ähnlich wie beim Pressen ausschließlich durch Wärmeleitung statt, die Wärme wird auch hier über die Pressplatten indirekt in das Werkzeug übertragen. Die Vulkanisationszeit ist beim Transfer-Molding im Vergleich zum Pressen kürzer, da sich das Material durch die Dissipation beim Einspritzen bereits erwärmt. Aufgrund der unterschiedlichen Wandstärken der Bauteile wird auch bei der Herstellung von Bauteilen im Transfer-Molding-Verfahren eine nachträgliche Temperung der Bauteile empfohlen, um einen gleichmäßigen Vernetzungsgrad über den gesamten Bauteilquerschnitt zu gewährleisten.

Nach Ablauf der Vulkanisationszeit können die Bauteile aus den Kavitäten entformt werden. Neben den Bauteilen muss vor dem Start eines neuen Prozesses auch der vernetzte Spritzkuchen aus dem Transferzylinder entfernt werden.

6.4 Extrusion

Im Folgenden wird das kontinuierliche Verarbeiten von Silikonkautschuk durch die Extrusion beschrieben. Bei der Extrusion werden hauptsächlich Festsilikonkautschuke verarbeitet (HCR). Es ist das Verarbeitungsverfahren, mit dem die größten Anteile weltweit an Silikonkautschuk verarbeitet werden. Typische Produkte sind u. a. Schläuche, Profile und Kabelummantelungen.

6.4.1 Maschinentechnik

Von der Bauart der Extruder her werden vorwiegend Einschneckenextruder eingesetzt. Diese werden kaltgefüttert. Im Gegensatz zur Verarbeitung von organischem Kautschuk findet beim Verarbeiten im Extruder kein Erwärmen und Plastifizieren statt. Ebenfalls entfällt zu einem großen Teil die Mischwirkung, da keine Mischelemente im Schneckenaufbau vorgesehen sind. Das Material wird als Streifen mithilfe einer Speisewalze dem Extruder zugeführt. Bei der Verwendung von niedrigviskosen Materialmischungen kann es hierbei zum Abreißen des Streifens kommen und damit einhergehend zu Produktionsschwankungen. Die Schnecke ist als Förderschnecke mit einer leichten Kompression ausgelegt. Hierdurch können der nötige Druck und die Vermeidung von Pulsation erreicht werden. Die Schnecke hat mit 12 – 15 D eine sehr kurze Länge. Daraus ergibt sich auch die kompakte Bauweise von Silikonextrudern. Eine weitere Besonderheit ist, dass die Schnecken hohl gebohrt und damit temperierbar sind. In der Regel wird mit Wasser zwischen 15 und 20 °C somit von innen gekühlt. Bild 6.10 zeigt einen typischen Silikonextruder. Das Maschinenbett (1) trägt den Antrieb (2), das Getriebe (3) und den Zylinder mit Schnecke (5). Der Einzug (4) mit Speisewalze liegt zwischen Getriebe und Zylinder. Das Werkzeug (6) schließt den Extruder ab. Zudem gehört zu einem Extruder noch ein Schaltschrank, der die Elektronik und Steuerung beinhaltet. Die Bedienung findet über ein Touchpanel (7) statt.

Nach dem Werkzeug schließt sich der Vulkanisationsbereich an den Extruder an. Hier gibt es verschiedene Möglichkeiten, das Extrudat zu vernetzen. Am häufigsten werden Heißlufttunnel, Dampfrohr oder Infrarotstrahlertunnel eingesetzt. Es ist aber auch möglich, über ein Salzbad Silikonkautschuke zu vulkanisieren; dies geschieht noch häufig bei der Kabelummantelung.

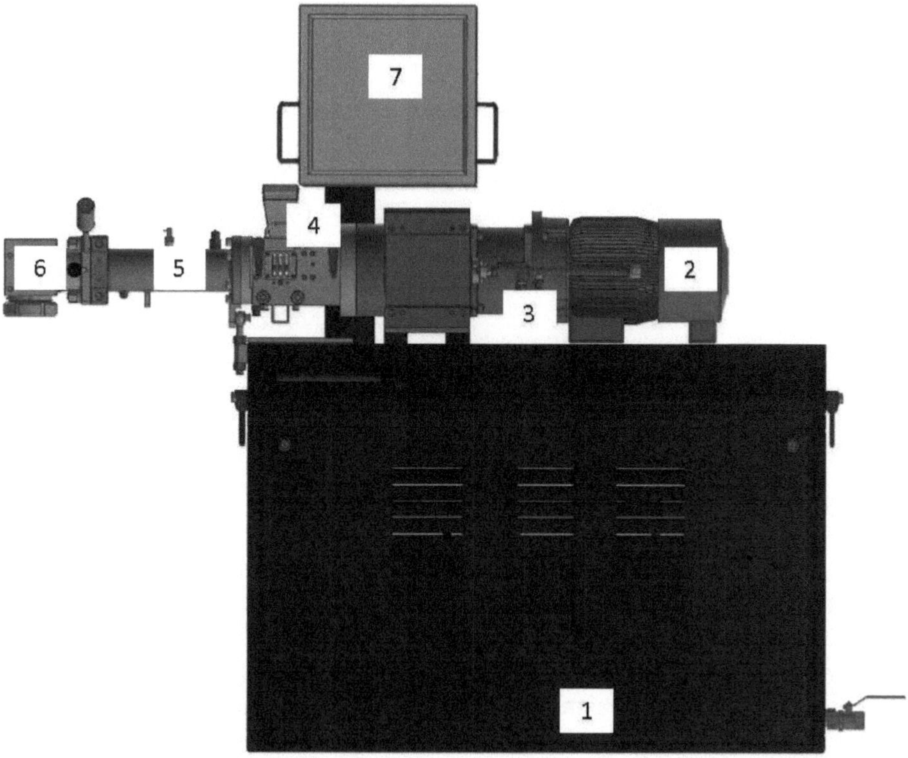

Bild 6.10 Extruder für die Silikonverarbeitung, Vertikalextrusion

Die Extrusion kann in drei Richtungen erfolgen, horizontal, vertikal nach unten und vertikal nach oben. Dies muss je nach Produkt entschieden werden. Die Richtungen sind in Bild 6.11 dargestellt.

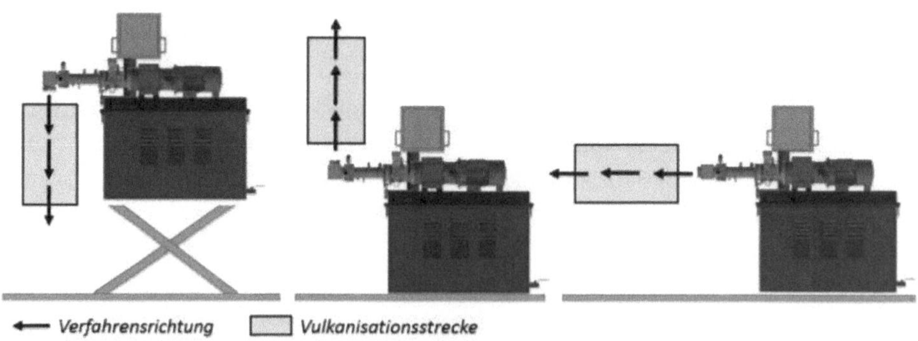

Bild 6.11 Extrusionsrichtungen [Rubicon, Verheyen]

6.4.2 Werkzeugtechnik

Die Extrusionswerkzeuge in der Silikonverarbeitung unterscheiden sich stark von denen in der Thermoplastverarbeitung. In den allermeisten Fällen wird heute mit einfachen Scheiben gearbeitet, in die ein Profil eingearbeitet ist. Bild 6.12 zeigt mehrere dieser Werkzeuge (Matrizen).

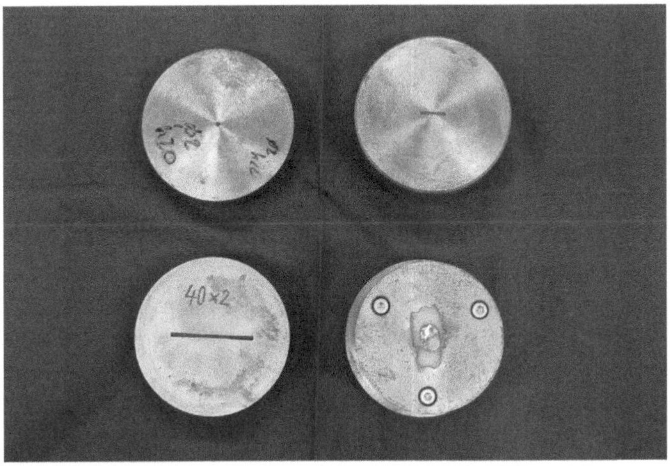

Bild 6.12 Werkzeuge für die Silikonextrusion

Bei der Fertigung von Extrudaten erfolgen oft bis zu 15 Iterationsschritte im Werkzeugbau, bis das finale Profil serienreif ist. Um Fließgeschwindigkeiten anzupassen, kann mit Lochscheiben vor der Profilscheibe die Geschwindigkeit des Materials angepasst werden. Mithilfe der Simulation kann wie im hier gezeigten Beispiel (Bild 6.13) auch die Matrize vor der Fertigung schon optimiert werden. Dies ist sinnvoll, um Iterationsschritte einzusparen. In der Praxis kann so bei der Fertigung des Werkzeuges bis zu 50 % Zeit eingespart werden.

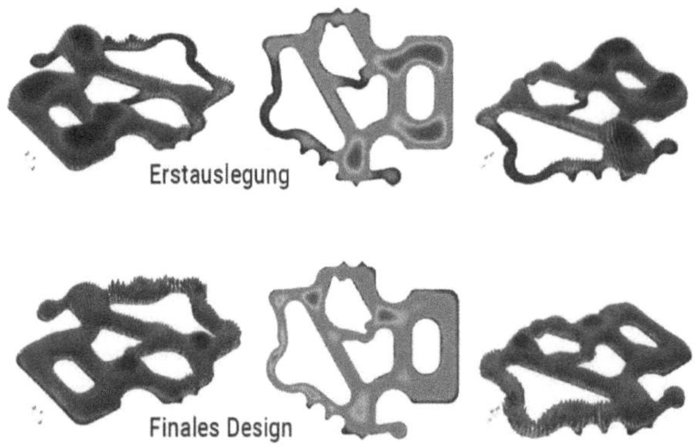

Bild 6.13 Erstauslegung (oben), simuliertes finales Design (unten), die Farben zeigen die unterschiedlichen Fließgeschwindigkeiten im Werkzeug [Ianus Simulation]

Ein Problem der eingesetzten einfachen Scheiben in der Extrusion können Toträume sein, in denen sich Material ablagert. Hierdurch kann es zu Störungen durch anvernetztes Material kommen, was sich mit der Zeit löst und in der Matrize festsetzt. Fließoptimierte Werkzeuge können hier Abhilfe leisten. Zudem haben Untersuchungen gezeigt, dass damit Durchsätze erhöht werden können. Bild 6.14 zeigt die Toträume (blau) und das fließoptimierte Werkzeug (rechts).

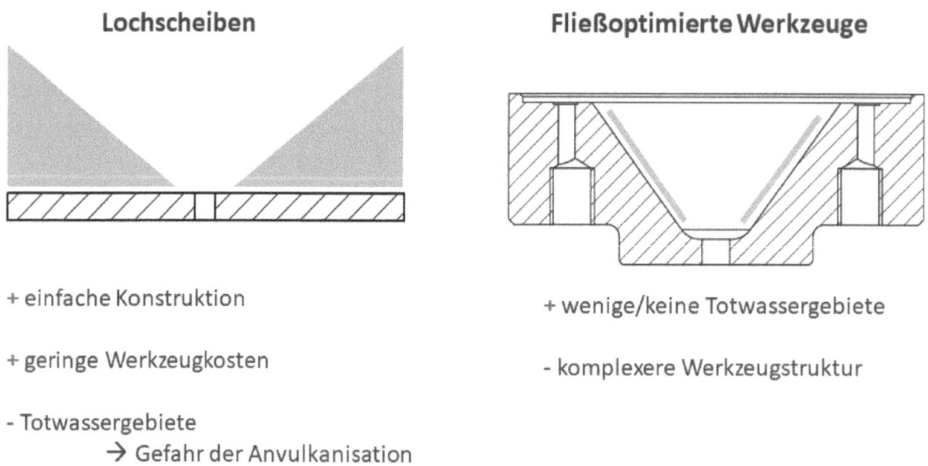

Bild 6.14 Vergleich Lochscheibe zu fließoptimiertem Werkzeug

Die Vorteile eines einfachen Matrizenwerkzeugs sind die einfache Konstruktion und die geringen Fertigungskosten.

6.4.3 Dosiertechnik

Der Silikonkautschuk wird dem Extruder als Strang zugeführt. Idealerweise geschieht dies automatisch über eine Zuführeinheit. Bei dieser Zuführeinheit handelt es sich oft um einen Tisch, der sich dreht. Im Zusammenspiel mit einer angetriebenen Fütterwalze kann so das Material in den Extruder gelangen.

Bild 6.15 Zuführen des Kautschuks in den Extruder [Rubicon GmbH]

Beides ist in Bild 6.15 dargestellt. Problematisch kann diese Technik sein, wenn das Material nicht genügend Festigkeit aufweist. In der Produktion kann es dann zu Abrissen kommen und somit zu Druckschwankungen im Extruder, was sich dann auch direkt auf die Qualität des Extrudats auswirkt. Abhilfe kann hier die manuelle Zuführung des Materials per Hand schaffen und/oder eine Überwachung des Zuführprozesses durch einen Bediener. Bild 6.16 zeigt zum einen die Zuführung des Stranges per Hand, aber auch noch ein anderes wichtiges Detail bei der Materialzuführung, die Ausbildung eines Knets im Einzugsbereich.

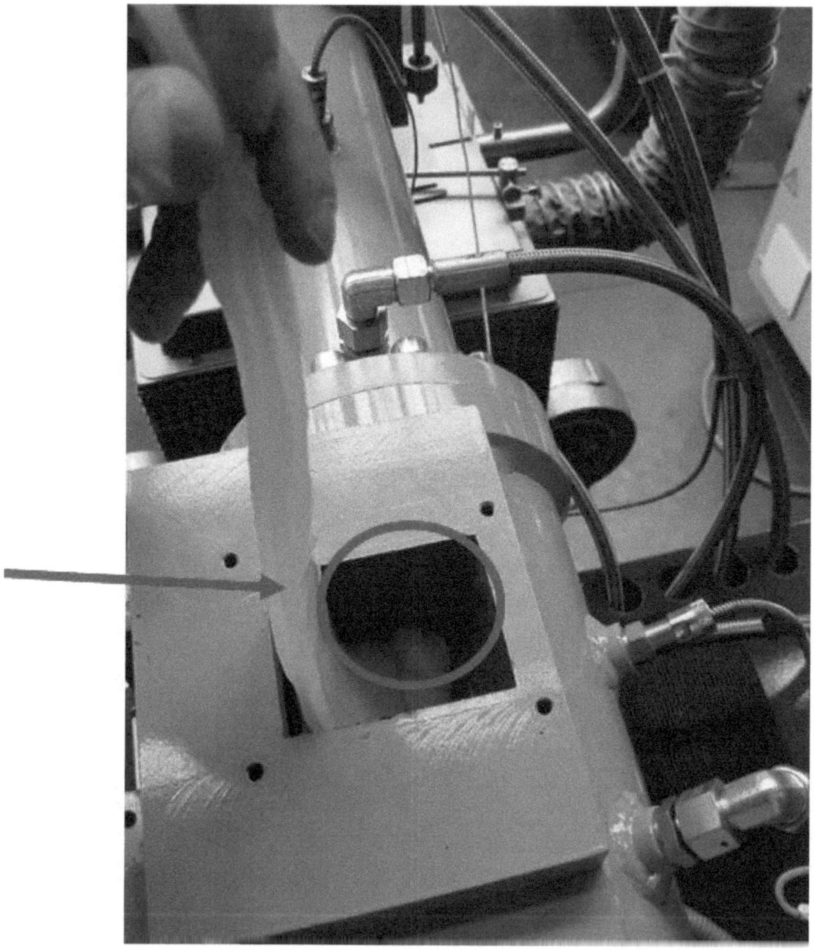

Bild 6.16 Knetbildung [Rubicon GmbH]

Dies muss Beachtung finden, um eine pulsations- und blasenfreie Materialförderung bis hin zum Werkzeug zu gewährleisten.

6.4.4 Prozess

Im Folgenden gehen wir auf den Extrusionsprozess (Bild 6.17) von Silikonkautschuk ein. In der Regel werden sogenannte kaltgefütterte Einschneckenextruder verwendet. Um so wenig wie möglich Wärme durch die Schneckendrehung und die damit verbundene Schereinwirkung auf das Material zu bringen, werden oft hohlgebohrte Schnecken und Mäntel mit einer Wasserkühlung verwendet. Die Gefahr des Anvulkanisierens (Scorching) von Material kann somit verhindert werden. Die Verarbeitung findet idealerweise bei Raumtemperatur statt.

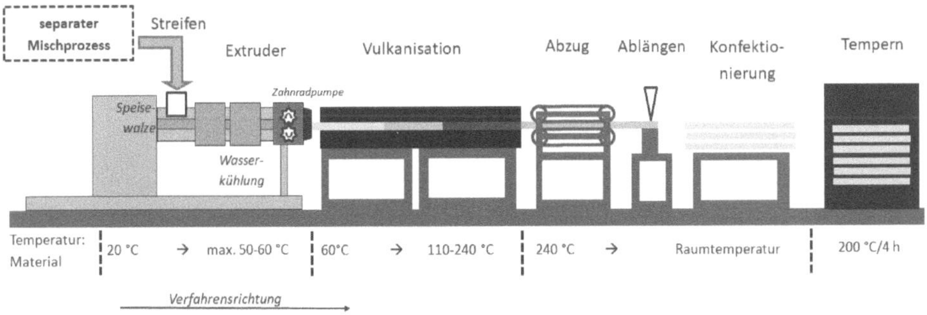

Bild 6.17 Vollständiger Extrusionsprozess für Silikonkautschuk mit Ablängen, Konfektionierung und Tempern [Verheyen]

Sollte der Druckaufbau durch den Extruder nicht ausreichen; dies kann vorkommen, wenn das Material gestrainert (gefiltert) wird; so kann man eine Zahnradpumpe einsetzen. Am Extruderausgang (oder nach der Zahnradpumpe) befindet sich dann das Werkzeug mit der Matrize. Das Extrudat gelangt dann in den Vulkanisationsbereich, um zu vernetzen. Dem eigentlichen Vulkanisationstunnel kann ein sogenannter Schocktunnel vorgesetzt werden. Bei kurzen Vulkanisationsstrecken (Vertikalextrusion) kann somit die Strecke verkürzt werden. In diesem Schocktunnel können Temperaturen bis 800 °C herrschen. Die Länge beträgt ca. 1 m. Durch die hohen Temperaturen kann dadurch auch bei hohen Durchsatzgeschwindigkeiten eine Anvulkanisation stattfinden, die ausreicht, um dem Extrudat Formstabilität zu geben. Das weitere Vulkanisieren erfolgt dann meistens im Heißlufttunnel. Bei der waagerechten Extrusion von kleinen bis mittleren Profilquerschnitten muss nicht zwingend ein Schocktunnel eingesetzt werden. Weitere Möglichkeiten zur Vulkanisation des Extrudats können neben der Heißluft auch Infrarottunnel oder das Salzbad sein.

Das Extrudat kann dann aufgerollt oder konfektioniert werden.

Das Extrudat wird in den allermeisten Fällen, egal ob vor oder nach dem Konfektionieren, dem Temperprozess zugeführt. Hierbei muss dann aufgepasst werden, dass die Extrudate nicht aneinanderkleben. Weitere Nachfolgeprozesse wie Beschichten, Bedrucken, Kleben werden im Kapitel Sonderverfahren beschrieben.

6.5 Spritzgießen

Mit dem Spritzgießen können Formteile in hohen Stückzahlen produziert werden, dies gilt auch für Formteile aus Silikonelastomeren. Die Formteile können hohe Schussgewichte bis 500 Gramm haben (Backform), aber auch im Milligrammbereich liegen (Dichtungen, Ventile). Generell ähnelt das Verfahren für Flüssigsilikonkautschuke (LSR) dem des Thermoplastspritzgießens. Bei der Verarbeitung von Festsilikonkautschuken (HCR) sieht man größtenteils die Technik für die Verarbeitung von synthetischen oder

Naturkautschuken. In Abschnitt 6.5.1 bis Abschnitt 6.5.6 werden die Grundlagen erklärt, um ein Verständnis für das Silikonspritzgießen zu bekommen.

6.5.1 Maschinentechnik

In diesem Abschnitt gehen wir auf den generellen Aufbau der Spritzgießmaschine zur Verarbeitung von Silikonkautschuken ein. Mit einer für die Silikonkautschuke spezifischen Maschine können Fest- und Flüssigsilikonkautschuke verarbeitet werden. Wesentliche Unterschiede gibt es hier bei der Dosierung der Materialien, dies wird in diesem Abschnitt kurz angerissen und genauer in Abschnitt 6.5.3 erklärt.

Betrachten wir zuerst den generellen Aufbau einer Spritzgießanlage für Flüssigsilikonkautschuke (LSR) (Bild 6.18). Den dazu gehörenden Prozess nennt man Liquid Injection Molding (LIM). Das Material wird über eine Dosieranlage in den Schneckeneinzug gedrückt, hierzu werden je nach Material Drücke bis zu 100 bar benötigt. Um einen störungsfreien Prozess zu ermöglichen, sollte der Schneckenvorraum immer vollständig und ohne Luft mit Silikonkautschuk gefüllt sein.

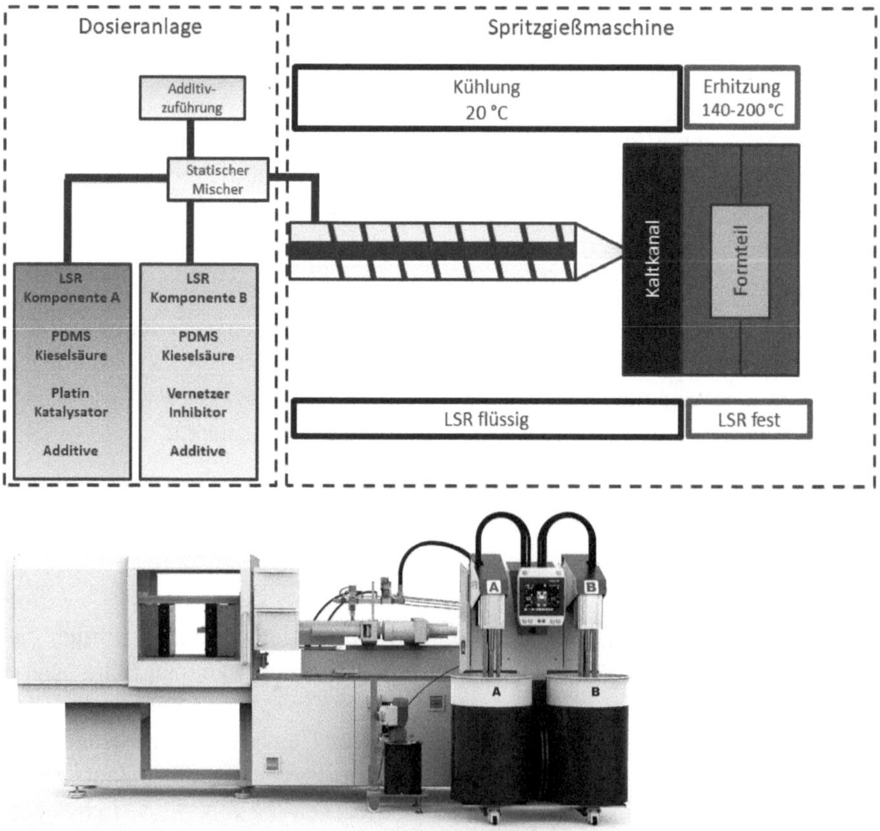

Bild 6.18 Schematischer Aufbau LSR-Spritzgießtechnik

Am Schaft der Schnecke befindet sich eine umlaufende Dichtung, diese verhindert, dass bei der Materialförderung Silikonkautschuk zur Schneckenaufnahme bzw. zum Antrieb läuft. Die Schnecke sollte so geschnitten sein, dass sie als reine Förderschnecke dient. Dadurch wird die Scherwirkung auf das Material reduziert und somit auch der Wärmeeintrag. Da wir mit dem Silikonkautschuk ein reaktives System haben, kann jeglicher Wärmeeintrag in das Material zur Anvernetzung (Scorching) oder sogar zur Ausvulkanisation führen. Dies kann zum einen zu schlechten Bauteilen, schlechter Prozessführung, aber auch zum Stillstand der Anlage führen. Um diesem vorzubeugen, sind die Spritzaggregate für die Verarbeitung von Silikonkautschuk gekühlt. In der Regel wird Wasser mit einer Temperatur zwischen 15 und 20 °C gewählt.

Die Rückstromsperre, die auf der Schneckenspitze sitzt, unterscheidet sich stark von der aus der Thermoplastverarbeitung. Da der Silikonkautschuk im Einspritzvorgang niedrig viskoser ist als der Thermoplast, würde eine Standardrückstromsperre zu Undichtigkeiten und damit zu einem Druckabfall beim Einspritzvorgang führen. Bei der Silikonverarbeitung werden federbelastete Rückstromsperren, wie in Bild 6.19 dargestellt ist, verwendet.

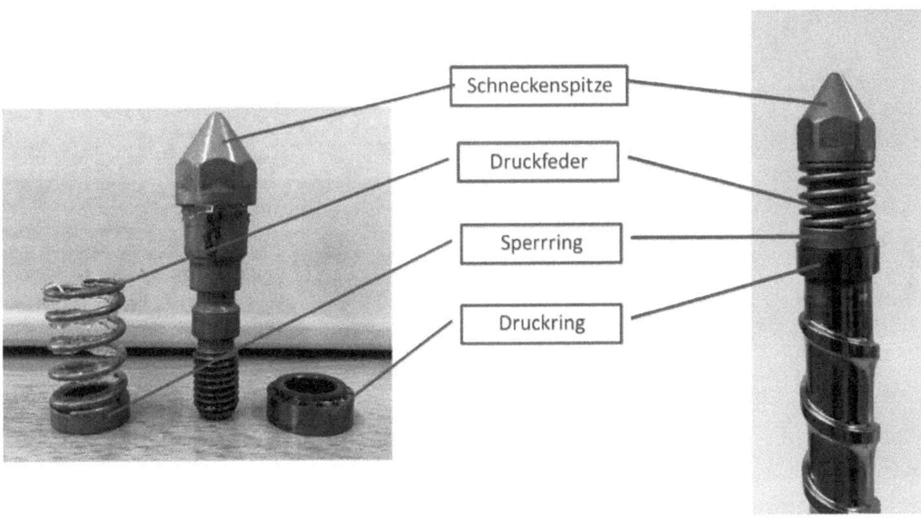

Bild 6.19 Rückstromsperre für die Silikonverarbeitung

Wie man gut erkennen kann, ein aufwendig aufgebautes System. Die Rückstromsperre sollte leicht demontierbar sein; das hat zwei Gründe. Zum einen sollte bei einem Materialwechsel die ganze Schnecke gereinigt werden. Im linken Teil des Bildes ist gut zu erkennen, wo überall Silikonkautschuk hängen bleiben kann. Zum anderen kann es vorkommen, dass Material im Spritzgießaggregat vernetzt. Um dieses Material von der Schnecke zu entfernen, kann es sein, dass die Rückstromsperre in einen Muffelofen gelegt werden muss, in dem sich bei über 400 °C das Silikonelastomer zersetzt und sich dann als Pulver von den Teilen ablöst.

Schauen wir uns nun den Zylinder mit seiner Peripherie an. Dieser ist in Bild 6.20 dargestellt. Generell sollte der Zylinder gekühlt werden, damit, wie oben schon erwähnt, eine Vernetzung im Zylinder nicht stattfindet. Eine Vernetzung kann durch Temperaturerhöhung im Zylinder stattfinden, die durch Scherung des Materials bei hohen Schussgewichten und damit verbundenen schnellen Einspritzgeschwindigkeiten hervorgerufen werden kann oder bei langen Standzeiten des Materials im Zylinder. Das kann bei Produktionsunterbrechungen (z. B. Wochenende) oder auch bei kleinen Schussvolumina der Fall sein. In diesen Fällen sollte zwischendurch immer wieder einmal gespült werden, damit frisches Material in den Zylinder gelangt.

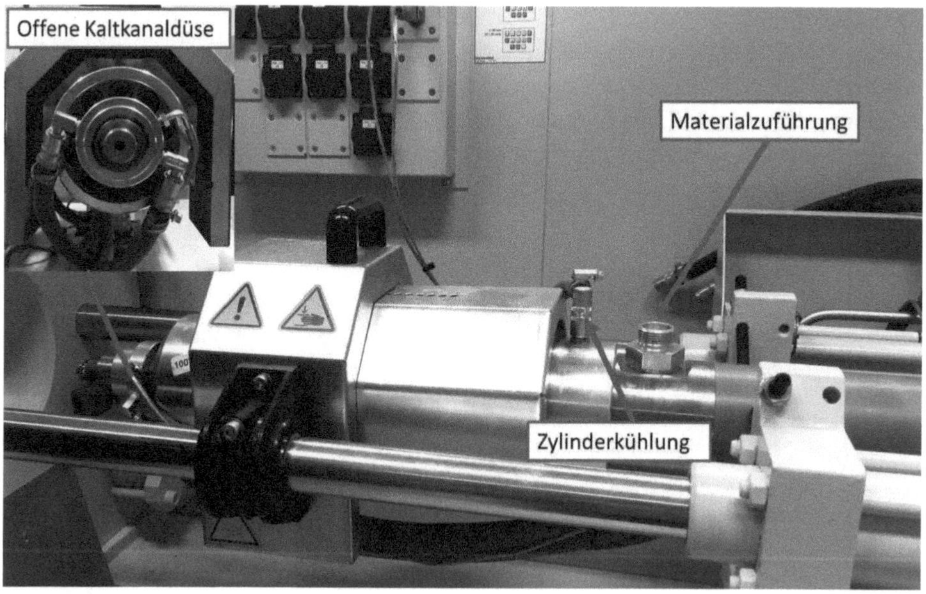

Bild 6.20 Spritzaggregat für die Silikonverarbeitung

Rechts im Bild ist der Gewindeanschluss für die Materialzuführung zu sehen. Hier wird die Dosiertechnik angeschraubt. Dies kann eine Dosieranlage, aber auch eine Kartuschenlösung sein. Mehr dazu in Abschnitt 6.5.3.

Links in Bild 6.20 ist die Düse zu sehen. Hier handelt es sich um eine offene Düse mit integrierter Kühlung. Diese Düse taucht ins Werkzeug ein und bringt so das Material in den Kaltkanal des Spritzgießwerkzeuges. Alternativ kann eine Kaltkanaldüse mit Nadelverschluss verwendet werden, dieser kann pneumatisch oder mechanisch angetrieben werden. In Bild 6.21 ist eine Kaltkanaldüse mit pneumatischem Antrieb der Firma EDEGS dargestellt. Vorteile einer Nadelverschlussdüse sind, dass kein Material heraustropft und dass man direkt, bei lang genug ausgeführter Düse, die Kavität anspritzen kann.

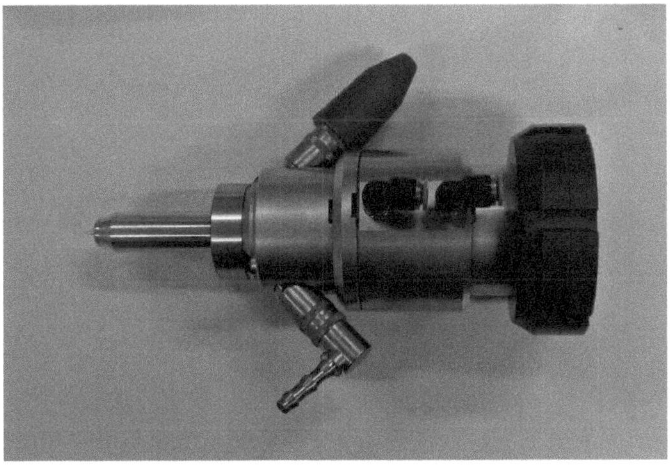

Bild 6.21 Kaltkanaldüse mit pneumatischem Nadelverschluss als Aufsatz auf das Spritzgießaggregat

Die Schließeinheit und deren Funktion ist der der Thermoplastverarbeitung gleich. Sehr häufig werden elektrisch betriebene Schließeinheiten verwendet, da hiermit sehr gut die Genauigkeiten bei den Fahrbewegungen und die Schließkräfte eingehalten werden können. Es ist aber auch möglich, hydraulische Schließeinheiten zu verwenden.

6.5.2 Werkzeugtechnik

Spritzgießwerkzeuge für die Verarbeitung von Silikonkautschuken unterscheiden sich deutlich von Spritzgießwerkzeugen für Thermoplaste. Das fängt bei der Temperierung der Werkzeuge an, geht über die Toleranzen bis zur Evakuierungstechnik in den Kavitäten. Im Folgenden wird genau auf diese Unterschiede eingegangen.

In Bild 6.22 ist der Aufbau eines Werkzeuges für die Silikonverarbeitung schematisch dargestellt. Grau dargestellt sind die Werkzeugaufnahmeplatten der Spritzgießmaschine, rechts düsenseitig, links auswerferseitig.

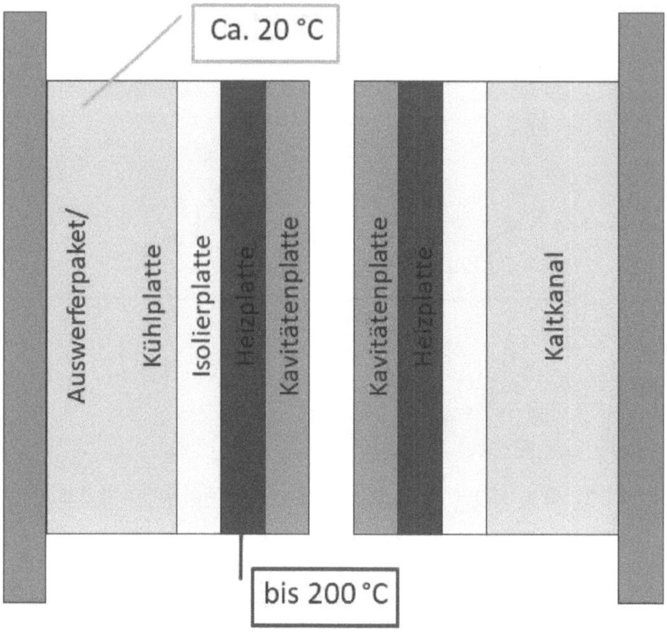

Bild 6.22 Schema eines Werkzeugaufbaues für die Silikonverarbeitung

In der Regel folgt düsenseitig der Kaltkanal. Danach folgt eine Isolierplatte, die die Wärme der beheizten Platte zur Düse hin abweisen soll. Auf die Heizplatte folgt die Kavitätenplatte. Je nach Werkzeug und Werkzeugbauer kann der Aufbau variieren. Heiz- und Kavitätenplatte können durchaus eins sein. Betrachtet man nun den Aufbau weiter in Richtung Auswerferseite, so folgt wieder, wenn nötig, die Kavitätenplatte. Hinter dieser ist wieder eine Heizplatte angebracht. Um nun die Wärme im Werkzeug zu halten, braucht es wieder eine Isolierplatte. Diese hat noch die weitere Aufgabe, die Wärme so gut wie möglich vom Auswerfer (-paket) fernzuhalten. Es kann sonst vorkommen, dass der Auswerfer warm wird und frisst. Das Ganze kann auch durch eine weitere Kühlplatte, die zwischen Isolierplatte und auswerferseitiger Werkzeugaufnahmeplatte liegt, verhindert werden. Generell ist auf thermische Trennungen, die Ausdehnung der Materialien (da Temperaturen zwischen 20 und 200 °C) und auf eine gleichmäßige Beheizung der Kavitätenplatten zu achten. Von den Werkzeugkonzepten her sind 2-Platten-Werkzeuge, Mittelplattenwerkzeuge und Abstreiferwerkzeuge denkbar.

Im Folgenden gehen wir näher auf die Kaltkanaltechnik ein. Sie ist vom Prinzip her vergleichbar mit der Heißkanaltechnik für Thermoplaste. Aufgabe des Kaltkanals ist es, die „Silikonschmelze" in flüssigem, niedrigviskosen Zustand zur Kavität zu führen. In Bild 6.23 ist eine Düsenseite der Firma Ewikon mit integriertem Kaltkanal zu sehen.

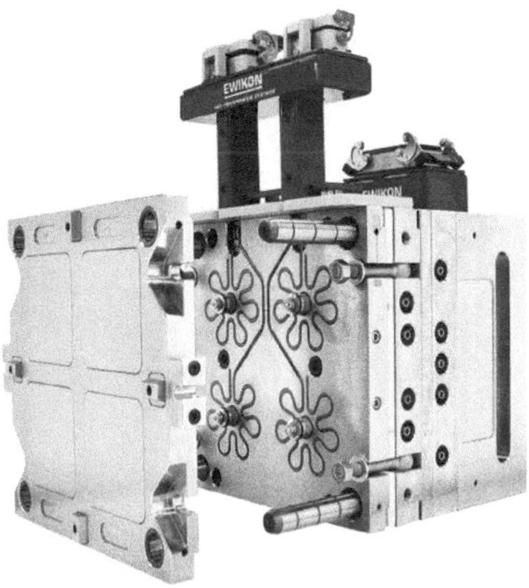

Bild 6.23
Kaltkanalsystem der Firma Ewikon

Neben den vier Kaltkanaldüsen sind auch die Anschlüsse für das Kühlwasser rechts deutlich erkennbar. Kaltkanäle werden mit temperiertem Wasser mit ca. 20 °C betrieben. Hierfür ist eine Durchflussüberwachung an der Spritzgießmaschine zu empfehlen, idealerweise auch mit Temperaturanzeige. Da die Temperierung des Silikons dessen Viskosität beeinflusst, können leichte Abweichungen vom ideal eingestellten Prozess zu Fehlteilen in der Produktion führen. Kaltkanalwerkzeuge gibt es mittlerweile mit Kavitätenzahlen über 500 Stück.

Die Kavitätenanbindung erfolgt entweder über ein offenes Düsensystem oder über Nadelverschlusssysteme. Das offene System ist wartungsärmer und günstiger. Zu beachten hierbei ist, dass die Siegelzeit, das heißt die Zeit, bis auch der Anspritzpunkt vernetzt ist, vom Düsendurchmesser abhängt. Des Weiteren kann es sein, dass im Prozess mit einem Dekompressionshub gefahren werden muss, damit die Kavität gefüllt bleibt, wenn der Spritzdruck nachlässt. Die Nadelverschlussdüse bietet den Vorteil, dass es keine dauerhafte Verbindung zum frischen Material gibt und somit die Kavität problemlos gefüllt werden kann. Oft wird untervolumetrisch gefüllt, da sich durch das Erhitzen des Silikonkautschuks dieser ausdehnt und die Kavität gefüllt wird. Die Nadel kann elektrisch, pneumatisch oder mit einer Hubplatte betätigt werden. In Bild 6.24 ist ein Kaltkanalsystem detaillierter dargestellt.

Man erkennt rechts die Düsenkörper, in denen Kühlung und Nadel vorhanden sind. Zudem sind die Anschlüsse für die Pneumatik zur Nadelsteuerung links und rechts im Bild zu sehen. Links im Bild sind sehr gut die vier Düsenanlegescheiben zu erkennen. Diese sind zur Isolation gedacht. Hierdurch wird verhindert, dass von der Heizplatte Wärme an den Anspritzpunkt gelangt.

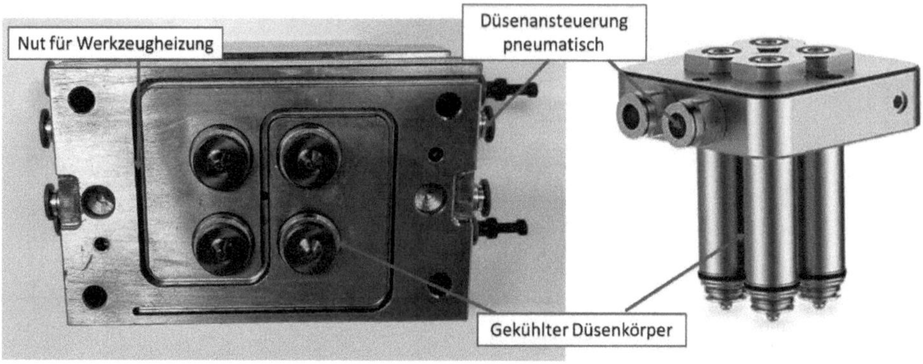

Bild 6.24 4-fach-Kaltkanalwerkzeug (links), 4-fach-Kaltkanal-Düsenkörper der Firma Günther Heißkanaltechnik

Wenn wir das Schema aus Bild 6.23 betrachten, folgt auf den Kaltkanal die Heizplatte. Diese ist da, um die nötige Vernetzungstemperatur für den Silikonkautschuk zu erreichen. Die Beheizung kann elektrisch oder über ein Fluid erfolgen.

Bei elektrischen Heizungen werden Heizpatronen und Wendelrohrpatronen verwendet. Der Vorteil von Heizpatronen ist, dass sie günstig und einfach montierbar sind. Hierfür müssen in den Heizplatten Tieflöcher vorgesehen werden. Zudem ist die Wartung einfach. Ein großer Nachteil bei den Heizpatronen ist, dass die Temperaturverteilung über dem Werkzeugquerschnitt meist stark variiert und somit ein inhomogenes Heizbild entsteht. Dadurch werden Zykluszeiten, Vulkanisationszeiten und -grade am Bauteil negativ beeinflusst. Es können hierbei durchaus Temperaturunterschiede von 20 Grad auftreten. Eine gute Alternative dazu sind Wendelrohrpatronen. In Bild 6.24 ist eine Nut zur Einbringung solch einer Patrone vorgesehen. Der Vorteil von Wendelrohrpatronen ist, dass sich die Heizplatte und somit auch die Kavität gleichmäßig beheizen lassen. Im Bild wurde mithilfe der Simulation die Position der Wendelrohrpatrone bestimmt. Ein Nachteil dieser Patrone ist, dass sie bei Ausfall nicht schnell gewechselt werden kann, da sie in die Nut eingepresst wird. Zudem muss das Werkzeug dafür demontiert werden.

In Bild 6.25 ist eine weitere Möglichkeit der Temperierung dargestellt. Hierbei handelt es sich um die Fluidbeheizung von Werkzeugen. Was bei den Thermoplasten Standard ist, ist bei den Werkzeugen für die Verarbeitung von Silikonkautschuk eher ungewöhnlich. Hintergrund ist, dass man sowohl mit Wasser als auch mit Öl Temperaturen größer 140 °C erreichen muss, um das Werkzeug heiß genug für die Vernetzung des Silikonkautschuks zu machen. Neuerdings gibt es aber immer mehr Temperiergeräte, die das können. Eine Fluidbeheizung bringt einige Vorteile mit sich, dies ist zum einen ein schneller Aufheizvorgang des Werkzeuges und eine sehr homogene Temperierung über die gesamte Werkzeugfläche. Des Weiteren ist die Regelung in den Temperiergeräten sehr genau, sodass kaum Temperaturschwankungen im Prozess vorherrschen. Die Konstruktion in Bild 6.25 ist auch dafür geeignet das Werkzeug schnell mit Wasser abzukühlen. Dies geschieht innerhalb von wenigen Sekunden. So kann das Werkzeug variotherm gefahren werden, um z. B. Einlegeteile schonend zu behandeln.

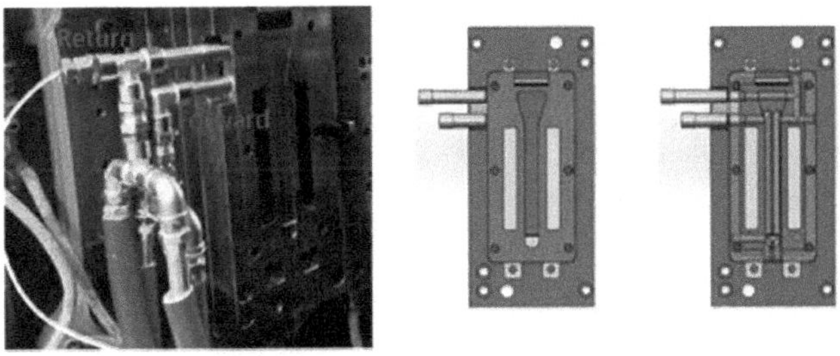

Bild 6.25 Fluidbeheizung

Eine Fluidtemperierung bringt aber auch Nachteile mit sich. Sowohl das Wasser als auch das Öl werden mit höheren Drücken betrieben, sodass bei der Verbindungstechnik die Schläuche und Verschraubungen ordentlich ausgelegt und befestigt sein müssen. Leckagen sollten vermieden werden, da es dann zu einer unsauberen Verarbeitung kommt. Zudem kann ein Strahl unter hohem Druck zu Verletzungen beim Bediener führen.

Betrachten wir nun näher die Kavität bzw. die Kavitätenplatte. Wie schon erwähnt ist eine Höhe der Fachzahl mittlerweile auch beim Silikon > 500 möglich und wird auch angewendet. Grundsätzliche Aufmerksamkeit, wie auch beim Thermoplast, muss hier bei der Auslegung auf Entformungsschrägen, Bauteiltoleranzen, der Lage der Auswerfer und der Entlüftung liegen. Entformungsschrägen und Bauteiltoleranzen ähneln denen der Thermoplastverarbeitung. Bei den Toleranzen muss die Schwindung, falls ein Temperprozess nachgelagert ist, ordnungsgemäß berücksichtigt werden. Hier liegt die Schwindung dann zwischen 2 – 3 %, ansonsten ist sie vernachlässigbar klein.

Um eine vollständige Formfüllung zu erreichen, ist es wichtig, die Luft aus der Kavität zu entfernen. Da die Werkzeuge bei der Silikonkautschukverarbeitung sehr genau gefertigt sind und es oft keine Auswerfer gibt, ist das Werkzeug fast dicht und es kann nicht genügend Luft während des Einspritzvorgangs entweichen. Die einfachste Variante, um dies zu ermöglichen, ist einen Überlauf vorzusehen. Der Nachteil dabei ist, dass dieser meistens später am Bauteil zu sehen ist. Die sicherste Variante ist eine Evakuierung der Luft in der Kavität vor dem Einspritzen vorzunehmen. Hierfür müssen eine Dichtung und eine Vakuumabsaugung im Werkzeug vorgesehen werden, zu sehen in Bild 6.26. Das Werkzeug wird im Prozess auf „Anliegen Dichtung“ gefahren, dann wird die Vakuumpumpe eingeschaltet und die Luft abgezogen. Danach schließt das Werkzeug und der Kautschuk kann eingespritzt werden.

Bild 6.26
Werkzeug mit Vakuum

Grundsätzlich sollte man wissen, dass das Einfahren von Werkzeugen für Überraschungen sorgen kann. In den meisten Fällen ist eine Entformung sehr schwierig, da sich das Silikon in der Werkzeugoberfläche verankert. Dies verdeutlicht auch Bild 6.27. Erst nach ein paar hundert Zyklen hat sich eine Schicht auf der Kavitätenwand abgelegt, die dafür sorgt, dass das Entformen einfacher vonstattengeht. Ein weiteres Hilfsmittel kann hier die Verwendung einer Seifenlösung sein, die vor jedem Schuss in die Kavität gepinselt wird. Eine andere Möglichkeit ist, dass man eine Antihaft-Beschichtung auf das Werkzeug bringt. Hier kann u. a. eine bis zu 20 µm dicke Schicht aus CNPTFE aufgetragen werden.

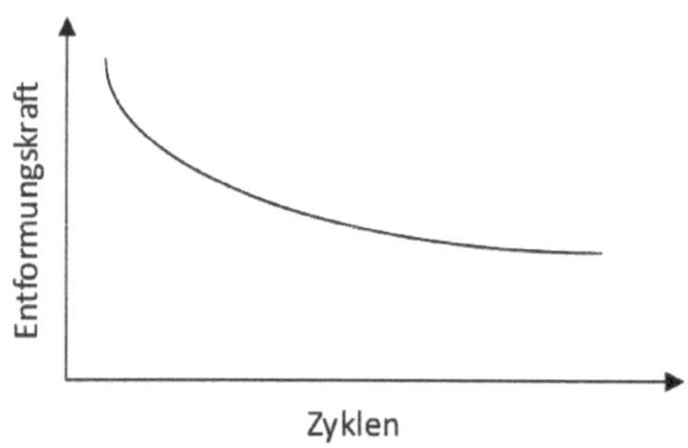

Bild 6.27
Entformungskraft über der Zyklenzahl bei einem Spritzgießwerkzeug für Silikon

Kommen wir nun zur Entformung bzw. dem Auswerfen der Bauteile aus der Kavität. Zu den bekannten Verfahren aus der Thermoplastverarbeitung, dem Auswerfen und Abstreifen, gesellen sich das Ausbürsten und Ausblasen von Bauteilen. Eine weitere Möglichkeit ist die Entnahme mit einem Robotersystem.

Betrachten wir als Erstes das bekannte Verfahren mit Auswerferstiften. Hier ist die Wahl der Auswerfer ein entscheidendes Kriterium für einen erfolgreichen Entformungsprozess. Bei Elastomeren ist es generell problematisch, nur mit Auswerferstiften zu arbeiten, da das Material sehr dehnfähig sein kann. Wenn mit diesen gearbeitet wird, werden in der Regel Pilzauswerfer verwendet. Sie dichten zum einen gut nach hinten ab und zum anderen ist die Entformungsfläche größer, was zu einem besseren Auswurf führt.

Eine weitere Möglichkeit des Entformens ist das Ausblasen der Silikonbauteile. Hierfür wird in der Kavität ein Loch freigegeben, aus dem die Pressluft strömt und das Bauteil aufbläst, bis es entweder aus der Kavität oder vom Kern abfliegt. Problematisch kann dieses Verfahren sein, wenn auf Reinheit geachtet werden muss und die Teile im Maschinenbett liegen. Zudem kann es sein, dass Silikonkautschuke mit schlechten mechanischen Eigenschaften (Bruchdehnung und Weiterreißfestigkeit) beim Entformen reißen. Eine Kombination mit Pilzauswerfern ist denkbar. Dann würde der Auswerfer vorfahren, das Bauteil vordehnen und gleichzeitig würde Luft durch die Auswerferführung in das Bauteil gelangen.

Eine saubere Entformung bietet die Entnahme der Bauteile mit einem Robotersystem. Hierfür können je nach Bauteil Greifer oder Sauger verwendet werden. Oft bietet sich diese Möglichkeit bei Hart-Weich-Bauteilen an, dann kann an der harten Komponente gut angegriffen werden. Zudem kann mit einem Robotersystem die Entformungsgeschwindigkeit gut angepasst und damit Schäden am Bauteil verhindert werden. Auch hier ist eine Kombination mit Auswerferstiften möglich, mit diesen kann ein Teil des Bauteils nach vorne geschoben werden, was dann mit dem Greifersystem gegriffen wird.

Bei Bauteilen mit innenliegenden Hinterschnitten bietet es sich an, Abstreiferwerkzeuge zu benutzen. Hiermit kann das elastische Material gut vom Kern entfernt werden. Es ist hiermit möglich, auch komplexe Strukturen zu fertigen, ohne gleich Kernzüge im Werkzeug einzusetzen. Hierbei besteht auch die Möglichkeit mit Druckluft den Entformungsprozess zu unterstützen, um ein gutes Ablösen zu erreichen. Solch ein Werkzeug ist in Bild 6.28 zu sehen.

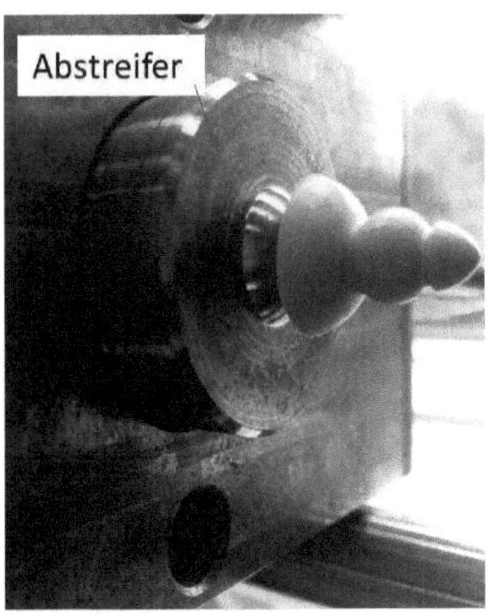

Bild 6.28
Abstreiferwerkzeug

6.5.3 Dosiertechnik

Bei den Kautschuken handelt es sich um pastöse Massen, die im Unterschied zu den thermoplastischen Elastomeren oder den Thermoplasten nicht granulatförmig vorliegen und deshalb eine besondere Dosiertechnik benötigen. Für die Silikonkautschuke wird bei der Dosierung in Fest- und Flüssigsilikonkautschuke unterschieden. Flüssigsilikonkautschuke können mit Pumpen in die Spritzgießmaschine gefördert, Festsilikonkautschuke hingegen müssen in die Spritzgießmaschine mit hohem Druck gefördert werden. Hierzu werden druckaufbauende Förderschnecken oder Kolbendosierer verwendet.

Gehen wir zuerst auf die Dosiertechnik für LSR ein. Das Material wird als A- und B-Komponente zur Verfügung gestellt. Das Mischungsverhältnis beträgt in der Regel 1 : 1, was bedeutet, dass die Dosieranlagen dies zufriedenstellend fördern müssen. Weiterhin muss beachtet werden, dass die zur Verfügung stehenden Komponenten in 1-Liter-, 20-Liter- oder 200-Liter-Behältern geliefert werden können.

Die gängigen am Markt befindlichen Dosieranlagen arbeiten mit Schöpfkolbenpumpen wie in Bild 6.29 dargestellt. Eine runde Platte (Fassfolgeplatte) mit außenlaufender Dichtung taucht in die Fässer/Kartuschen ein. Durch den Druck wird das Material in einen Raum gefördert, in dem eine Förderstange translatorisch läuft und das Material nach oben führt. Am Auslass befinden sich Schläuche, die das Material (A- und B-Komponente) zum Mischteil führen.

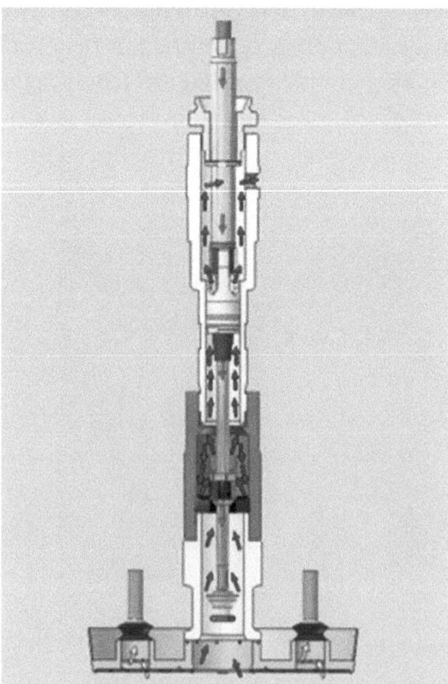

Bild 6.29
Schöpfkolbenpumpe [Wikipedia: *https://de.wikipedia.org/wiki/Fassfolgeplattenpumpe*]

Eine Dosieranlage mit Bestandteilen für LSR ist in Bild 6.30 zu sehen. Hier laufen zwei Schöpfkolbenpumpen nebeneinander. Der Antrieb der Schöpfkolbenpumpe kann über hydraulische oder pneumatische Komponenten laufen. Durch Viskositätsunterschiede in den Einzelkomponenten kann bei gleichem Druck auf die Fassfolgeplatten ein Material schneller laufen als das andere und somit ein Fass schneller leer sein. Nachteil hierbei ist auch, dass einige Kilogramm im Fass verbleiben und nicht mehr genutzt werden können. Idealerweise sind die Pumpen einzeln über Elektromotoren angetrieben. Dies hat den Vorteil, dass die Fässer gleichmäßig geleert werden können.

Bild 6.30
Dosieranlage [Reinhardt-Technik 2024]

Nach der Förderung durch die Schöpfkolbenpumpe fließt das Material, A- und B-Komponente jeweils in eigenen Schläuchen, bis hin zur Verarbeitungseinheit, die in Bild 6.31 dargestellt ist. Am Anfang steht die Materialzuführung, danach folgt ein Ventil, welches ermöglicht Additive zuzuführen. Über die Additivzuführung wird in den meisten Fällen Farbe zugeführt. Es können aber bei den Anlagen bis zu sechs Additive zugeführt werden, dies können Verarbeitungshilfen, Vernetzer oder auch Wirkstoffe sein. Im folgenden statischen Mischer werden dann die A- und B-Komponente sowie die Additive vermischt. Ab jetzt ist der Flüssigsilikonkautschuk reaktiv und kann zu einem Elastomer vernetzen. Über das Manometer kann kontrolliert werden, ob Material anliegt.

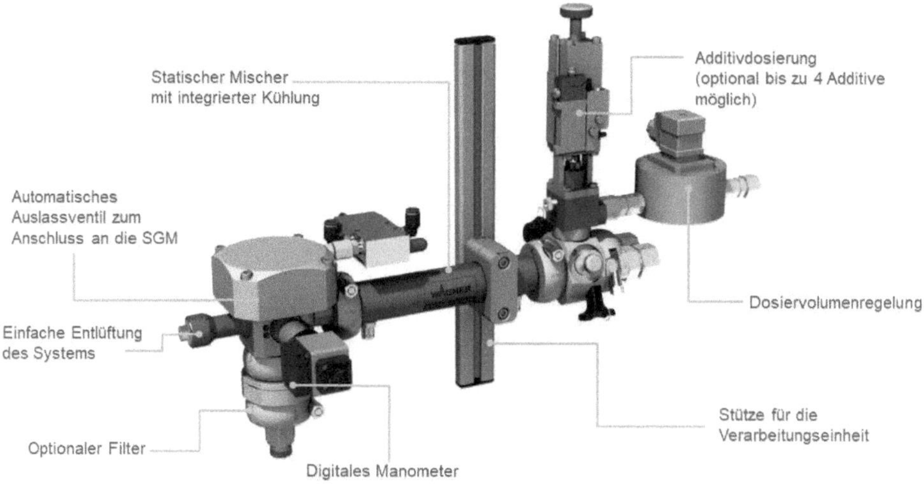

Bild 6.31 Verarbeitungseinheit mit Mischteil [Reinhardt-Technik 2024]

Danach fließt das gemischte Material in den Schneckenvorraum. Hier ist darauf zu achten, dass keine Luft im System ist und immer ein gewisser Druck auf dem Material liegt, damit eine fehlerfreie Förderung vorliegt.

Für Festsilikonkautschuk (HCR) ist eine andere Dosiertechnik notwendig. Aufgrund der hohen Viskosität kann das Material nicht mit Schöpfkolbenpumpen gefördert werden. Zwei Systeme haben sich hier bewährt, zum einen der Stopfer und zum anderen der Roto-Feeder.

Beim Stopfer, zu sehen in Bild 6.32, wird der gemischte (compoundierte) Silikonkautschuk in den Zylinder gegeben. Der Kolben (Stopfer) drückt das Material dann in den Schneckenvorraum.

Bild 6.32 Kolbenstopfer für Festsilikonkautschuk [Arburg 2024]

Der Stopfer ist ein einfaches System, um das zähe Material zu fördern, er hat aber folgende Nachteile: Es ist schwierig, luftfrei Material zu fördern, dies zeigt sich dann immer wieder in Formteilen, die nicht vollständig ausgeformt sind. Ein weiterer Nachteil ist, dass nicht wirklich kontinuierlich gearbeitet werden kann. Ist der Zylinder leer, muss der Maschinenbediener diesen nachfüllen und den Prozess unterbrechen. Es gibt die Möglichkeit, mit zwei Zylindern zu arbeiten, sodass eine Befüllung während der Fertigung möglich ist. Hierbei muss aber trotzdem kurz der Prozess beim Zylinderwechsel unterbrochen werden.

Eine Möglichkeit, unterbrechungsfrei zu arbeiten, bietet der sogenannte Roto-Feeder von Engel oder der Turnmix von ACH. Diese Dosiergeräte arbeiten mit einer Förderschnecke und einem rotierenden Trichter. Der gemischte Festsilikonkautschuk kann über Förderbänder in den Trichter gegeben werden, um eine kontinuierliche Materialzuführung zu gewährleisten. Der sich drehende Trichter befördert den Kautschuk zur freiliegenden Förderschnecke. Die Förderschnecke bringt das Material dann zum Schneckenvorraum. Der Vorteil dieser Anordnung ist zudem auch eine luftfreie Förderung.

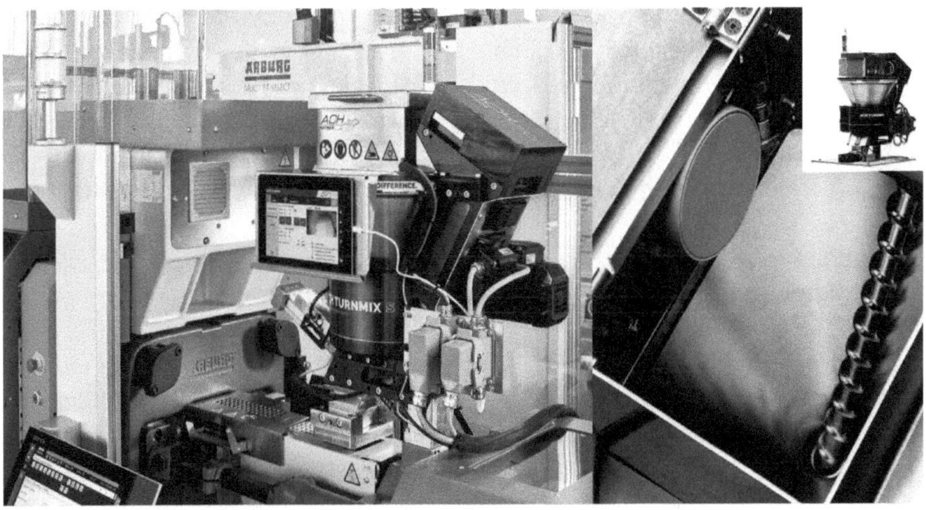

Bild 6.33 Turnmix der Firma ACH Solution

Bild 6.33 zeigt sowohl den Aufbau des Roto-Feeders auf der Spritzgießmaschine wie auch den Trichter mit Silikonkautschuk und die freiliegende Förderschnecke. Dieses Dosiersystem hat sich in der verarbeitenden Industrie bewährt und wird von den Spritzgießmaschinenherstellern Engel und Krauss-Maffei angeboten.

6.5.4 Besonderheiten für den Spritzgießprozess

Mit dem Spritzgießverfahren können Flüssigsilikonkautschuke (LSR) und Festsilikonkautschuke verarbeitet werden. Wie in Abschnitt 6.5.3 erwähnt gibt es bei der Verarbeitung, bis auf die Dosiertechnik, keine wirklichen Unterschiede zwischen beiden Materialien. Auf einige Besonderheiten soll aber an dieser Stelle noch eingegangen werden.

Für niedrigviskose Materialien im Bereich der LSR, hier besonders der optischen Typen, kann es bei der Dosierung zu Undichtigkeiten im System kommen. Deswegen ist es wichtig, alle Verbindungen gut anzuziehen und darauf zu achten, dass die Dichtungen in Ordnung sind. Des Weiteren ist es empfehlenswert, entweder eine Dosieranlage nur für optische Systeme zu fahren oder vor einem Materialwechsel hin zu optischen LSR das Schlauchpaket zu tauschen und die Anlage gründlich zu reinigen. Hintergrund ist, dass selbst ein Spülen mit nur einer Komponente oder Silikonöl keine einwandfreie Reinigung des Gesamtsystems bringt und immer noch altes Material mit in den Prozess gelangt.

Bei der Verarbeitung von platinvernetzenden Systemen (vor allem im Bereich des LSR, aber auch beim HCR) muss darauf geachtet werden, dass das Gesamtsystem bei Produktionsstillstand gekühlt wird, um eine Vernetzung in der Spritzgießmaschine und im Kaltkanal zu verhindern. Nach einem Stillstand von bis zu drei Tagen sollte man das Gesamtsystem spülen, da selbst unter gekühlten Bedingungen eine Vernetzung im System stattfinden kann. Hier muss besonders darauf geachtet werden, wenn man z. B. freitags die Produktion stoppt und sie wieder am Montag aufnimmt.

6.5.5 Simulation

Die Spritzgießsimulation ist bei der Verarbeitung von Silikonkautschuken ein sehr gutes und zuverlässiges Hilfsmittel. Neben der Firma Sigmasoft bietet auch Simpatec mit Moldex die Möglichkeit zur Simulation von vernetzenden Silikonkautschuken an.

Wie bei allen Simulationsprogrammen ist eine gute Datenbasis die wichtigste Voraussetzung, um nah an der Realität zu simulieren. Hierzu zählen Materialdaten und Werkzeugdaten. Im Speziellen werden für das Material folgende Datensätze benötigt: Viskosität, Vernetzungscharakteristik, Wärmeleitfähigkeit, Wärmekapazität, pvT-Verhalten. Sollte etwas an Daten nicht vorhanden sein, wird mit Annahmen operiert. Dies bedeutet dann aber auch, dass man sich vom realen Prozess weiter entfernt. Für das Werkzeug sollten folgende Daten vorliegen: Abmessungen, Art und Lage der Heizung, Lage des Kühlkanals, Daten des verwendeten Werkzeugstahls.

Als Beispiel für Simulationsmöglichkeiten werden im Folgenden anhand der Software von Sigmasoft Optionen vorgestellt. Hierbei geht es um die Füllsimulation, den Vernetzungsgrad und das Aufheizverhalten des Spritzgießwerkzeuges.

Vor jedem Prozess ist es wichtig zu wissen, wie das Heizverhalten des Werkzeuges ist. Mithilfe der Simulation kann man Unregelmäßigkeiten vorab feststellen und gegebenenfalls bei der Werkzeugentwicklung schon gegensteuern oder den Spritzgießprozess entsprechend anpassen. In Bild 6.34 ist links eine Simulation des Heizvorgangs einer Werkzeughälfte dargestellt. Die dunkelorangenen Bereiche zeigen eine Temperatur von ca. 180 °C. Nach außen hin sinkt die Temperatur bis auf ca. 140 °C. Deswegen ist es ratsam, eine Isolierung um das Werkzeug herum anzubringen, um die Wärme im Werkzeug zu halten und damit auch das Temperaturmanagement besser kontrollieren zu können. Des Weiteren sind in Bild 6.34 die Nadelspitzen (Mundstücke) mit ihren Temperaturen dargestellt. Hier wurden verschiedene Mundstück-Materialien getestet. Kupfer ist sehr gut wärmeleitfähig, dadurch ergibt sich auch die niedrige Temperatur, sodass das Wasser des Kaltkanals die Wärme gut abführt. Im Gegensatz dazu ist bei Titan die Wärmeabfuhr deutlich geringer, was an der schlechteren Wärmeleitfähigkeit des Materials liegt. Je höher die Temperatur am Mundstück ist, desto schneller ist der Vernetzungsprozess an der Anspritzung des Bauteils.

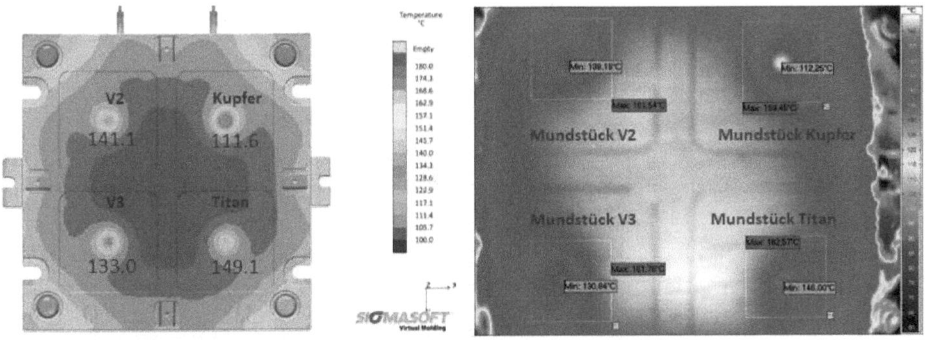

Mundstückmaterial	Thermofühler	Thermografie	Simulation
Kupfer	132,8 °C	112,2 °C	111,6 °C
V2	146,4 °C	138,2 °C	141,1 °C
V3	142,4 °C	130,0 °C	133,0 °C
Titan	149,4 °C	146,0 °C	149,1 °C

Bild 6.34 Simulation und Realbild einer Werkzeugbeheizung

Auf der rechten Seite in Bild 6.34 ist das Thermografiebild des simulierten Aufheizprozesses zu sehen. In der darunter stehenden Tabelle findet man die Vergleichswerte aus Simulation und Praxis. Das Ergebnis ist, dass die Simulation sehr nah am realen Prozess für das Aufheizen des Werkzeuges ist. Auch die Messwerte der Thermografie sind deutlich besser als die mit einem Thermofühler.

Nun kommen wir zur Vernetzung des Silikonkautschuks in den Kavitäten. Bild 6.35 zeigt vier Kavitäten mit den unterschiedlichen Mundstücken, z. B. aus Kupfer oder

Titan. Hergestellt wird hier eine Art Fließspirale, die in der Mitte angespritzt wird. Rechts ist der Vernetzungsgrad in Abhängigkeit der Farbe dargestellt.

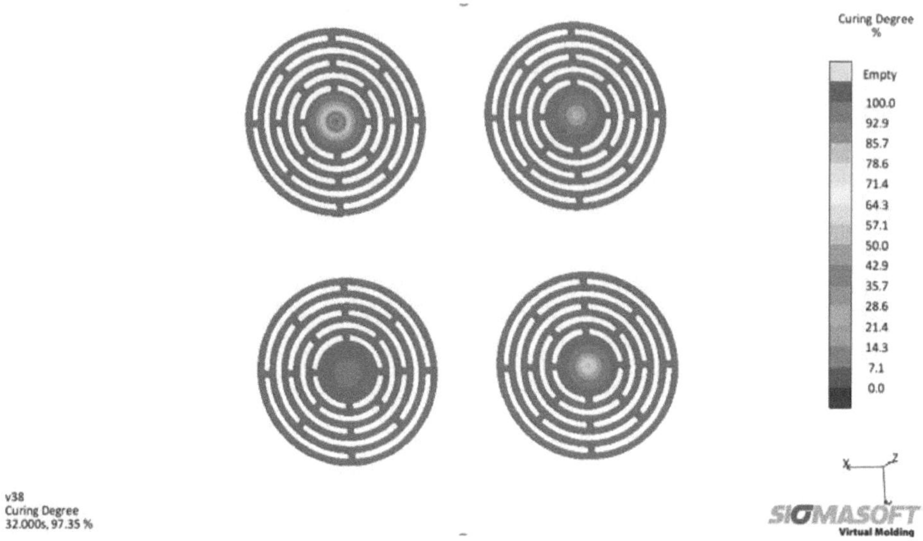

Bild 6.35 Vernetzungsgrad am Bauteil nach Werkzeugfüllung

Für die Kavität unten links mit dem Mundstück aus Titan gilt die schnellste Vernetzungszeit. Das Bauteil ist nahezu zu 95 % vernetzt. Die Kavität oben darüber mit dem Mundstück aus Kupfer zeigt zur gleichen Zykluszeit in der Mitte deutlich unvernetzte Bereiche (blau dargestellt). Vergleicht man die Temperaturen, so ist ein vollständiges Vernetzen des Bauteils fast ausgeschlossen, da mit ca. 110 °C eine Vernetzung des LSR Stunden dauern kann. Für alle vier Kavitäten ist aber gut zu erkennen, dass rund um die Düse gleiches Vernetzungsverhalten herrscht. Das liegt zum einen daran, dass das Werkzeug symmetrisch aufgebaut ist, und zum anderen die Heizung ebenfalls gleichmäßig in dem Werkzeug verbaut ist.

Ein weiterer Vorteil der Simulation ist, dass man die Füllvorgänge in den Kavitäten beobachten kann. Im Beispiel aus Bild 6.36 werden vier Eierbecher aus LSR gefertigt. Das Füllverhalten scheint nahezu ausgeglichen zu sein. Gleichzeitig können noch zwei weitere wichtige Beobachtungen gemacht werden. Zum einen ist rechts die Temperatur aufgetragen, damit kann man sehen, wo das Material zuerst erhitzt wird und ob der Anspritzpunkt kalt bleibt und nicht einfriert.

Des Weiteren kann man sehen, wohin sich die Luft in der Kavität bewegt bzw. wo sie sich sammelt. Hier ist es bei allen Bechern am unteren vorderen Rand. Falls man ohne Vakuum das Werkzeug betreiben möchte, könnte man hier einen Überlauf zur Entlüftung der Kavität planen.

Bild 6.36 Füllsimulation

Bild 6.37 zeigt die Spritzgießsimulation einer Platte mit Dickenunterschieden von dick zu dünn für LSR und HCR. In dieser Simulation werden die Werkzeuginnendrücke für diese beiden Materialien verglichen, die sich in ihrer Viskosität stark unterscheiden. Im linken Teil des Bildes ist der Werkzeuginnendruckverlauf für ein LSR dargestellt. Die Werte liegen um den Faktor 30 unter denen für das HCR. Diese Simulation kann entscheidend für die Wahl der Spritzgießmaschine, aber auch für die Wahl des Angusses sein. Natürlich ist es auch möglich, mit verschiedenen Materialien diese Simulation durchzuführen, um fließoptimierte Silikonkautschuktypen zu testen.

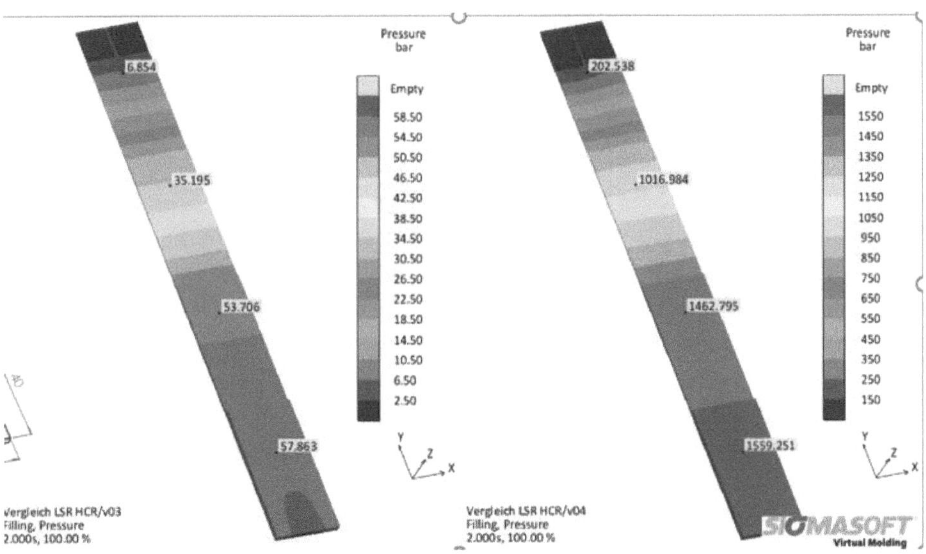

Bild 6.37 Druck in der Kavität bei LSR und HCR

6.5.6 Mehrkomponententechnik

Das Mehrkomponentenspritzgießen (MK-Spritzguss) von Silikonkautschuk und Thermoplast ist generell möglich und findet auch immer mehr Beliebtheit in der verarbeitenden Industrie. Beispielprodukte hierfür sind Streuscheiben in Duschbrausen, Stecker mit Dichtungen, Taster mit Dämpfungselementen usw. Vorteile sind vor allem das Einsparen von Montageschritten und die damit verbundene Genauigkeit, die Materialkombination von hart und weich in einem Bauteil, die zykluszeitsparende Herstellung und das Spritzgießen auf nur einer Maschine. Die Nachteile bei der Verarbeitung von Silikonkautschuken im MK-Spritzguss sind, dass nicht alle Materialkombinationen miteinander verspritzbar sind, die Werkzeugtechnik oft sehr komplex und damit teuer ist sowie dass nicht alle gängigen MK-Spritzgießverfahren Anwendung finden können.

In Abschnitt 6.5.6.1 bis Abschnitt 6.5.6.4 soll nun näher auf die Maschinentechnik, die Prozessführung und die Oberflächenvorbehandlung von Thermoplasten eingegangen werden.

6.5.6.1 Maschinentechnik

Für das klassische Mehrkomponentenspritzgießen (MK-Spritzguss) ist eine Anlage notwendig, die mit mindestens zwei Spritzaggregaten bestückt ist. In Bild 6.38 ist eine Anlage dargestellt, bei der das zweite Aggregat in L-Stellung steht. Hierbei muss darauf geachtet werden, dass ein Schutzzaun benötigt wird. Möglich ist auch eine V-Stellung, d. h., das Aggregat steht senkrecht (vertikal) über dem Werkzeug. Eine weitere Variante ist die, dass über dem Hauptaggregat schräg ein weiteres Aggregat steht (Huckepack-Stellung). Bei der Verarbeitung von LSR wird entweder die L-Stellung oder die V-Stellung bevorzugt. Einkomponentenmaschinen können auch für das Mehrkomponentenspritzgießen verwendet werden. Viele Maschinenhersteller bieten die Möglichkeit ein Beistellaggregat an die Maschine anzubinden. Auf welche Achse man das LSR-Aggregat stellt, ist abhängig von der Anwendung und muss mit dem Maschinenhersteller abgestimmt werden.

Eine weitere Möglichkeit bietet z. B. die Firma EDEGS an. Hier kann direkt auf das Werkzeug eine Spritzeinheit adaptiert werden. Hierdurch kann zum Beispiel von einer weiteren Maschinenbeschaffung abgesehen werden, zum anderen benötigt man weniger Platz an der Spritzgießmaschine. Für die Teileentnahme bzw. auch das Umsetzen zwischen den Kavitäten ist ein Robotersystem hilfreich. Auch hier muss man in der Regel eine Schutzumhausung haben. Neuerdings können aber auch sogenannte kollaborierende Roboter benutzt werden. Werden sie so installiert, dass keine Schutztür für den Prozess geöffnet sein muss, kann auf die Schutzumhausung verzichtet werden.

Eine weitere Möglichkeit, MK-Spritzguss zu betreiben, ist mit zwei einzelnen Spritzgießmaschinen zu arbeiten. Diese können nebeneinanderstehen oder auch in zwei unterschiedlichen Werken. Hierbei wird von der Einlegetechnik oder Insert-Technik gesprochen.

Bild 6.38 Mehrkomponentenspritzgießmaschine in L-Stellung

6.5.6.2 Werkzeugtechnik

Für das Mehrkomponentenspritzgießverfahren gibt es verschiedenartige Werkzeuge bzw. Werkzeugtypen. Die einfachste Variante ist das Einlegen von Teilen und das Überspritzen dieser Teile mit Silikonkautschuk. Komplizierter wird es schon bei Umsetz-, Index- und Drehtellerwerkzeugen, auf die nun näher eingegangen werden soll.

Vorher noch ein genereller Überblick über die verschiedenen Verfahren in Bild 6.39. Das Umspritzen von Einlegeteilen ist, wie eben schon erwähnt, die einfachste Variante. Bei der Verarbeitung von Silikonkautschuken wird in der Regel das Überspritzen (Overmoulding) von festen Komponenten benutzt, dieses können Thermoplaste, Glas und Metall sein. Das Verbundspritzgießen ist hierbei die am meisten angewendete Methode, hierbei wird eine zweite Komponente auf eine erste harte Komponente aufgebracht.

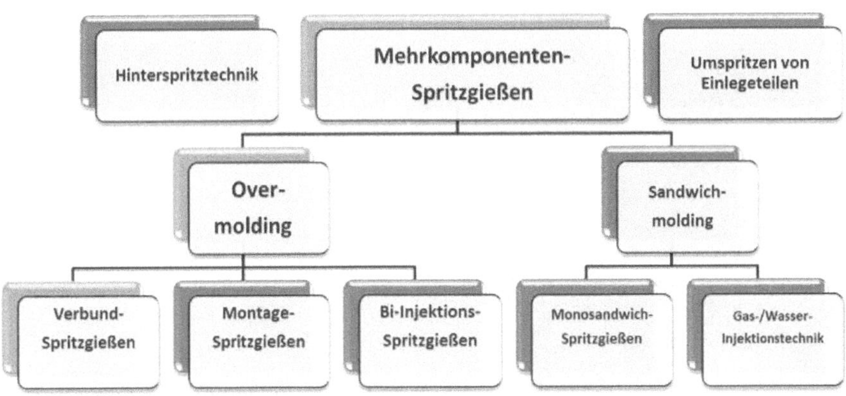

Bild 6.39 Überblick der verschiedenen MK-Technologien

Bei der Umsetztechnik wird zusätzlich ein Robotersystem benötigt. Der Roboter befördert die harte Komponente von der Thermoplastkavität in die Silikonkavität. Werkzeugtechnisch ist dies eine einfache kostengünstige Variante und eignet sich vor allem dann, wenn nur wenige Kavitäten im Einsatz sind. Zudem ist es auch für größere Bauteile geeignet. In Bild 6.40 sind solch ein Werkzeug und das dazugehörige Bauteil (Probekörper für Schälversuch nach VDI 2019) dargestellt.

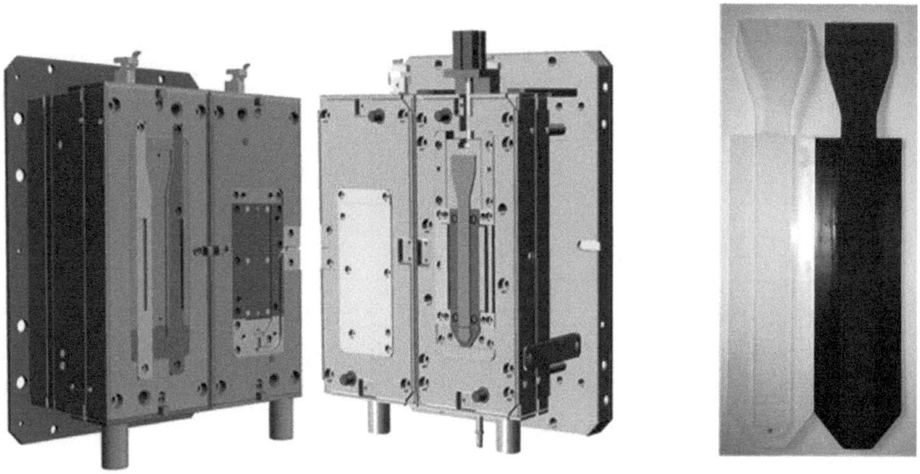

Bild 6.40 Werkzeug mit Umsetztechnik, Herstellung Probekörper VDI 2019

Im hinteren Teil wird die Thermoplastkomponente gespritzt und im vorderen Teil die Silikonlasche. Der Transfer von der hinteren Kavität in die vordere wird durch einen Linearroboter durchgeführt, dargestellt in Bild 6.41.

Bild 6.41
Linearroboter für das Umsetzen und Entnehmen von Komponenten

Häufig im Einsatz sieht man sogenannte Indexwerkzeuge. Hierbei fahren die Kavitäten aus dem Werkzeug heraus und werden gedreht. Die harte Komponente (in der Regel der Thermoplast) bleibt in der Kavität und wird dann mit Silikon überspritzt und danach entformt. Auf der anderen Seite kann erneut ein Thermoplastteil gespritzt werden. Hierbei ist es auch möglich, Werkzeuge mit höheren Fachzahlen zu benutzen. In Bild 6.42 ist ein Indexwerkzeug der Firma EDEGS Formenbau zu sehen. Gut zu erkennen ist, wie sich die Indexplatte vom Werkzeug auf der Auswerferseite entfernt und gedreht wird. Vorteil ist hierbei eine schnellere Zykluszeit, da kein Handling gebraucht wird.

Bild 6.42
Indexwerkzeug der Firma EDEGS Formenbau

Ein dritte Methode, Mehrkomponententeile herzustellen, ist die Verwendung von sogenannten Drehtellerwerkzeugen. Hierbei dreht sich das komplette Werkzeug. Dies wird vor allem bei größeren Teilen verwendet, da hier oftmals entsprechende Temperiertechnik notwendig ist, die nicht über ein Indexwerkzeug realisiert werden kann.

Eine weitere Möglichkeit ist die Verwendung der Kernzugtechnik zur Herstellung von Verbundteilen. Diese wird sehr häufig im Bereich der Thermoplaste angewendet. Komponente 1 wird in die Kavität gespritzt, dann wird der Kern gezogen und gibt den Platz für die Komponente 2 frei. Dieses Verfahren ist für Silikonkautschuke nur bedingt geeignet, da die Vernetzungstemperaturen oft höher sind als die thermische Beständigkeit der Thermoplaste. Dieses Verfahren kann somit nur bei Hochleistungskunststoffen eingesetzt werden.

6.5.6.3 Vorbehandlung Thermoplast

Die Haftung des Silikonkautschuks an den Thermoplasten ist Voraussetzung für einen Hart-Weich-Verbund. Es gibt viele verschiedene Möglichkeiten, diese zu realisieren. Bild 6.43 gibt in etwa wieder, welche Methoden heutzutage Anwendung finden können.

- Hinterschnitte
- Primer
- Selbsthaftendes LSR
- Oberflächenaktivierung
  - Plasma
  - Beflammung
  - Corona
  - UV-C

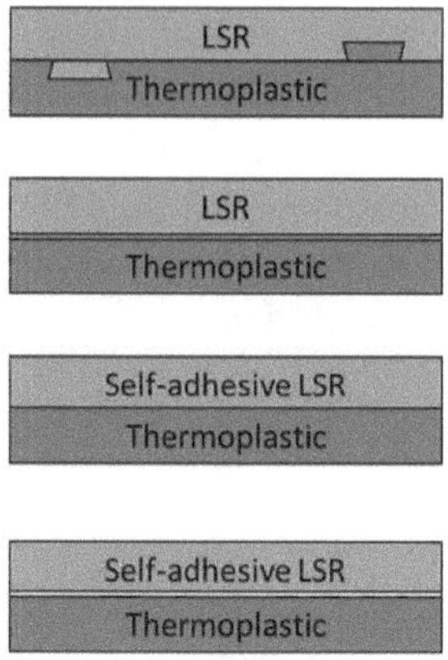

Bild 6.43 Möglichkeiten einer Haftverbindung

Eine einfache und kostengünstige Möglichkeit ist das Arbeiten mit Hinterschnitten. Somit erhält man eine Verklammerung, die den weichen Silikonelastomer am Thermoplasten festhält. Neben Hinterschnitten können das auch Löcher oder Durchbrüche sein, somit ist gesichert, dass sich das Silikon nicht von der harten Komponente löst. Nachteile dieser Lösung sind, dass es zu Undichtigkeiten und Verschmutzungen im Verbund kommen kann. Schmutz kann sich zwischen dem weichen und dem harten Material anlagern. Ein großer Vorteil ist aber, dass fast jeder beliebige Silikonkautschuk verwendet werden kann, da man unabhängig von einem Haftvermittler ist.

Die zweite Möglichkeit besteht darin, dass man auf die harte Komponente einen Primer/Kleber aufträgt. Dieser stellt im ersten Schritt eine Verbindung zum Thermoplasten her. Die meisten Primer werden sehr dünn aufgetragen und müssen dann bei Temperaturen um 100 °C aktiviert werden. Danach kann dann der Silikonkautschuk auf den Primer aufgetragen werden. Vorteil ist, dass man auch hier fast jeden beliebigen Silikonkautschuk verwenden kann, insofern man einen passenden Primer findet. Ein großer Nachteil ist, dass man einen relativ langen Zwischenschritt mit der Aktivierung des Primers in einem externen Ofen hat und somit zusätzliches Handling oder Personal benötigt.

Die einfachste Variante für das Mehrkomponentenspritzgießen ist die Verwendung von Silikonkautschuken, die mit Haftvermittlern additiviert sind. Diese sind mittlerweile für den Flüssigsilikonkautschuk von fast jedem Materialhersteller zu bekommen. Eingeschränkt ist aber die Auswahl von Thermoplasten, auf denen das Silikon mit Haftvermittler hält. Überwiegend werden hier Polyamide (PA) und Polybutylenterephthalat (PBT) verwendet. Neuerdings sind auch Typen für Polycarbonat erhältlich. Schwierigkeiten können hier durch Additive im Thermoplasten entstehen, die eine Haftung verschlechtern oder erst gar nicht ermöglichen. Idealerweise führt man zur Materialauswahl Versuche zur Haftung durch, hierfür gibt es gängige Normen.

Eine weitere Option zur Herstellung eines Haftverbundes bietet die Möglichkeit den harten Partner, in der Regel Thermoplast, vorzubehandeln. Hierfür kommen die Silikatisierung, die Corona-, UV-C- oder Plasmavorbehandlung infrage. Je nach Art und Dauer der Vorbehandlung können sowohl haftende als auch nicht haftende Silikonkautschuke mit der harten Komponente verbunden werden.

6.5.6.4 Prozesstechnik

Vor dem Verarbeitungsprozess sollte auf jeden Fall getestet werden, ob die Materialkombination verspritzbar ist. Hierfür empfiehlt es sich, die Verarbeitungstemperaturen und die Erweichungstemperaturen anzuschauen. Ebenso sollte darauf geachtet werden, was für ein haftendes Silikonkautschuk zum Einsatz kommt. Wie schon erwähnt, gibt es speziell haftende Typen für ausgewählte Thermoplaste. Bei der Verarbeitung sollte zudem betrachtet werden, dass haftende Silikonkautschuke manchmal auch an der Werkzeugwand kleben, dies gibt sich aber mit der Zeit und sollte später zu keinen Prozessnachteilen führen. Wird mit einer Thermoplastvorbehandlung gearbeitet, so bietet es sich an, einen Roboter einzusetzen. Zudem müssen auch hier die Erweichungstemperaturen des Thermoplasten beachtet werden, vor allem bei der Plasma- und Beflammvorbehandlung.

Die Zykluszeit kann je nach Bauteil stark variieren. Hat man relativ dicke Thermoplastteile, so kann die Kühlzeit durchaus länger sein als die Vernetzungszeit des Silikonkautschuks. Je nach Bauteil kann es sich dann anbieten, den Prozess zu ändern und zum Beispiel zu Einlegeteilen zu wechseln. Wichtig ist auch, dass die Bauteile nach der Produktion noch ruhen. Bei vielen haftenden Silikonkautschuken baut sich eine gute Haftung erst nach einem Tag auf.

6.6 Beschichten

Neben dem Extrudieren und Spritzgießen gibt es noch weitere Verfahren, bei denen große Mengen Silikonkautschuk verarbeitet werden. Hierzu zählen z. B. das Beschichten von Textilien, Kunststoffplatten und das Tauchen von Formkörpern in ein Silikonbad. Sehr oft werden hier raumtemperaturvernetzende 2 K-Typen eingesetzt. Aber auch die Herstellung von Lösungen aus Fest- und Flüssigsilikonkautschuk ist Stand der Technik. Als Produktbeispiele können hier Förderbänder, Schürzen, Formteiloberflächen im Automobilinnenbereich genannt werden.

6.6.1 Maschinentechnik

Im Idealfall steht durch einen Materialhersteller ein Silikonkautschuk zur Verfügung, der aufgrund seiner Viskosität zum Beschichten geeignet ist. Generell werden eher dünnflüssige Silikonkautschuke verarbeitet, deren Viskosität unter 30 000 Pas liegt. Ist dies nicht der Fall, muss das Beschichtungsmaterial verdünnt werden. Sehr oft wird hierzu Toluol verwendet. Als Mischaggregate kommen dann hauptsächlich geschlossene Innenmischer zum Einsatz. Im Mischprozess werden dann Fest- oder Flüssigsilikonkautschuke compoundiert und verdünnt. Ein Vorteil hierbei ist, dass man verschiedene Silikonkautschukarten (z. B. HCR mit LSR) gut vermischen kann, da sie auch in einer Lösung vorliegen. Man kann dadurch die mechanischen Eigenschaften ideal einstellen. Der niedrigviskose Silikonkautschuk wird dann vor einen Rakel gegeben. Dieser streicht dann das Silikon auf und in das Gewebe ein (Bild 6.44).

Bild 6.44 Beschichtung von Geweben [Hübner GmbH & Co. KG/PTO]

6.6.2 Prozess

Der niedrigviskose Silikonkautschuk muss gut verarbeitbar sein, das heißt, ein zu frühes Anvulkanisieren ist nicht erwünscht. Zum einen kann dadurch der Beschichtungsprozess gestört werden und es entstehen Fehler auf der Oberfläche und zum anderen könnte es passieren, dass bei einem Maschinenstillstand das Material in der Produktionsanlage vernetzt. Deswegen werden häufig auch verdünnte HTV-Typen eingesetzt.

Nachdem das Material aufgetragen wurde, folgt der Vernetzungsprozess mithilfe einer Vulkanisationsstrecke. Oftmals wird eine Beschichtung mehrfach aufgetragen, um eine gewisse Schichtdicke zu erreichen, hierfür muss das Material nach jedem Beschichtungsprozess die Vulkanisation durchlaufen. Im Bereich der Lebensmittel- und Medizintechnik sollte danach ein Temperprozess folgen, um flüchtige Bestandteile zu entfernen.

Die beschichteten Textilien werden dann noch zu Produkten konfektioniert. Neben dem Kleben kann natürlich auch das Nähen verwendet werden.

6.7 Kleben

In diesem Unterkapitel geht es hauptsächlich um das Kleben von Silikonelastomeren. Wir klammern das Kleben mit Silikonkautschuk von z. B. Metallen, Keramiken aus.

Generell ist das Kleben von Bauteilen aus Silikonkautschuk möglich. Idealerweise verwendet man als Klebstoff das gleiche Material, aus dem die Bauteile sind. Sollte das nicht möglich sein, z. B. aufgrund der hohen Viskosität, können auch andere Silikonkautschuke verwendet werden. Probleme kann es geben, wenn die zu fügenden Teile schon voll vernetzt sind, das heißt nach sehr langer Lagerdauer oder nach erfolgter Temperung. Es fehlen dann mögliche Vernetzungsstellen, an denen der Kleber (Silikonkautschuk) eine chemische Verbindung mit den Fügepartnern eingehen kann. In Bild 6.45 ist ein Anwendungsfall dargestellt. Hier werden extrudierte Profile so geschnitten, dass man sie im 90°-Winkel verkleben kann. An der Fügestelle ist gut der Silikon zu erkennen, der als Kleber genutzt wird.

Bild 6.45 Kleben von Profilen

Eine weitere Möglichkeit des Verklebens kann über eine Presse erfolgen, wie in Bild 6.46 dargestellt. Hier wird der Kleber (Silikonkautschuk) in eine Kavität gelegt, in der die Fügepartner seitlich eingelegt sind.

Bild 6.46 Im Pressverfahren verklebte Profile (Eckenvulkanisation) [Hübner GmbH & Co. KG]

Sollte ein Verkleben auf Anhieb nicht möglich sein, kann eine Oberflächenvorbehandlung der Fügepartner Abhilfe schaffen. Hier kommen rein mechanische (Schleifen) Methoden, Plasmavorbehandlung, Beflammen oder Bestrahlen (UV-C-Licht) in Frage.

6.8 Tempern

6.8.1 Einleitung

Das Tempern von gefertigten Silikonbauteilen wird heutzutage immer noch in vielen Branchen gewünscht und gefordert. Unter Tempern von Silikonelastomeren versteht man eine nachträgliche Wärmebehandlung bei Temperaturen über 150 °C für mehrere Stunden. Die zwei wesentlichen positiven Effekte durch das Tempern sind die Verbesserung der mechanischen Eigenschaften und das Entfernen volatiler Bestandteile.

Die Verbesserung der mechanischen Eigenschaften rührt daher, dass normalerweise in der Produktion keine vollständige Vernetzung erreicht bzw. gewünscht wird. Sowohl in der Extrusion wie auch im Spritzguss werden die Bauteile auf einen Vernetzungsgrad zwischen 80 und 90 % gebracht. Die Vernetzung der restlichen 10 % würde viel Zeit und somit Kosten in Anspruch nehmen. Dieses kann gut an der folgenden Vulkameterkurve (Bild 6.47) abgelesen werden. Ab der Linie für TC90 dauert die Vulkanisation deutlich länger, um in das Plateau für die volle Vernetzung zu gelangen.

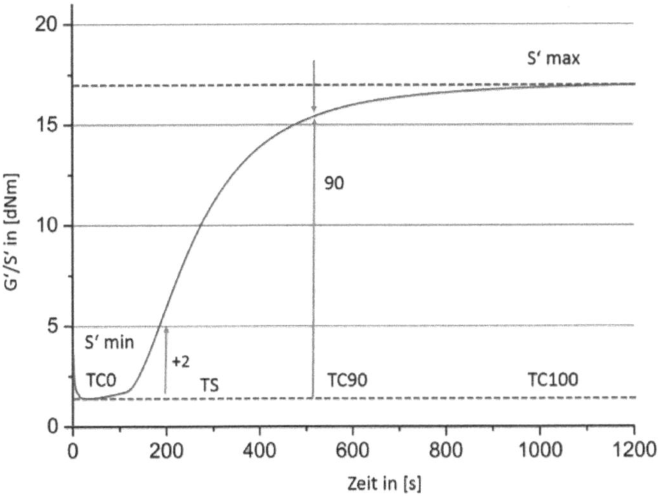

Bild 6.47 Vulkanisationsisotherme

Somit kann bei einer früheren Entformung bzw. bei einer schnelleren Extrusionsgeschwindigkeit deutlich mehr produziert werden. Die vollständige Vernetzung erfolgt dann in Temperöfen.

Die Beseitigung von volatilen Bestandteilen ist vor allem in der Medizin- und Lebensmittelbranche wichtig. Bei der Herstellung von Silikonkautschuken entstehen u. a. kurzkettige D4-, D5-, D6-Polysiloxane, die nicht mit in das Netzwerk (Vernetzung) eingebaut werden können. Diese kurzkettigen Polysiloxane können unter Umständen gesundheitsschädlich sein. Durch den Tempervorgang können diese volatilen Bestandteile von 2 – 3 % auf unter 0,5 % reduziert werden.

6.8.2 Prozesstechnik

Für die Temperung können verschiedenartige Öfen verwendet werden. Dies reicht vom kleinen Laborofen bis hin zu gebäudeartigen großen Öfen. Sehr wichtig ist, dass ein reger Luftaustausch herrscht, damit die volatilen Bestandteile sich nicht im Ofenraum sammeln. Vor allem bei der Temperung von Festsilikonkautschuken können, verursacht durch den teilweise noch vorhandenen Peroxidvernetzer, explosionsartige Gemische im Ofenraum entstehen. Als Richtwert sollten die Öfen mindestens 120 Liter Luft pro Minute pro kg Silikonelastomer austauschen. In Bild 6.48 und Bild 6.49 sind ein Temperofen und ein Ofen mit Drehtrommel zu sehen.

Bild 6.48 Temperofen der Firma Vötsch mit entsprechender Reingungstechnik, oben auf dem Ofen

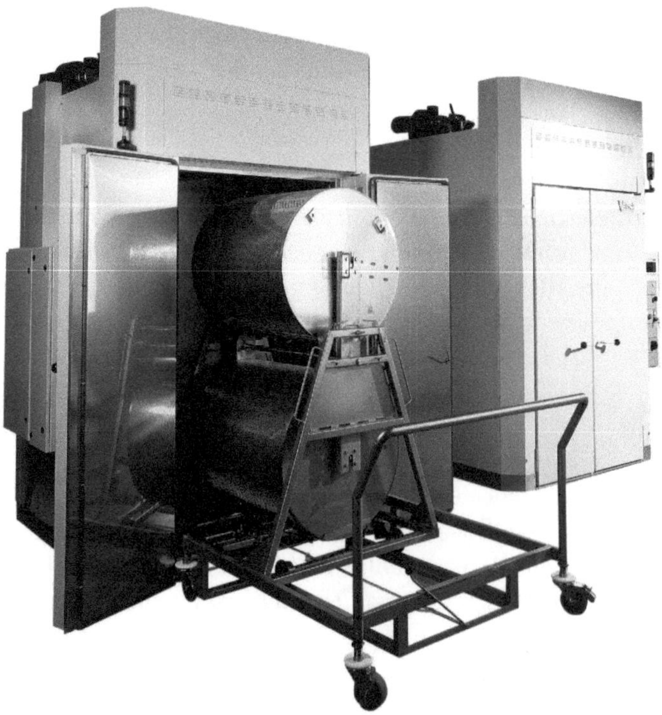

Bild 6.49 Drehtrommelofen der Firma Vötsch

Neben der Frischluftzufuhr der Öfen ist es zudem wichtig, geeignete Abluft für die Öfen und auch für den Aufstellraum vorzusehen.

6.8.3 Temperprozess

In der silikonverarbeitenden Industrie hat sich eine Temperzeit von 4 h bei 200 °C etabliert, unabhängig von der Größe der Bauteile. Untersuchungen, wie in Bild 6.50, bestätigen dies. Hier wurden verschiedene Temperaturen und Zeiten für den Temperprozess eingesetzt. Deutlich zu erkennen ist, dass bei 4 h und 200 °C der Maximalwert erreicht wird.

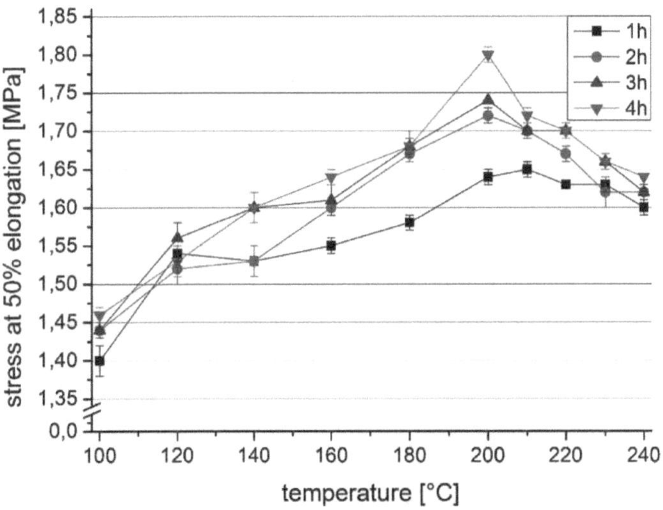

Bild 6.50 Spannung bei 50 % Dehnung für verschiedene Temperzeiten und -temperaturen

Natürlich kann man seinen Temperprozess auch den Dimensionen des Bauteils anpassen, z. B., wenn man kleine dünne Teile hat. Hier ist eine Verkürzung der Temperzeit durchaus denkbar, um auch die gleichen Werte, wie nach 4 Stunden zu bekommen. Darüber hinaus ist auch nicht jeder mechanische Kennwert abhängig von der Zeit. Bild 6.51 veranschaulicht das sehr schön.

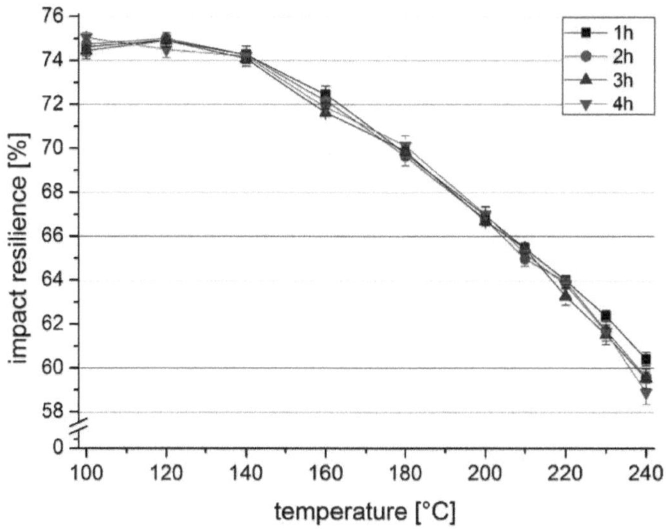

Bild 6.51 Rückprallelastizität in Abhängigkeit der Temperzeit und -temperatur

Bei der Rückprallelastizität spielt die Dauer der Temperung eine untergeordnete Rolle, wohingegen die Zeit einen signifikanten Einfluss hat. Je höher man die Temperatur wählt, desto steifer wird das Material.

6.8.4 Physikalische Eigenschaften

Die Farbe der Bauteile kann durch eine Temperung beeinflusst werden, dies muss man unbedingt bei peroxidvernetzenden Silikonkautschuken berücksichtigen. Transparente bzw. farblose Bauteile neigen dazu gelblich zu werden. Eine weitere wichtige Tatsache ist, dass sich durch das Emittieren von flüchtigen Bestandteilen das Volumen und das Gewicht ändert. Hier gilt es bei der Bauteilauslegung bzw. Werkzeugauslegung die Schwindung zu berücksichtigen. Ein weiterer positiver Effekt der Temperung ist, dass die Klebrigkeit an der Oberfläche der Bauteile sinkt und somit z. B. Staub oder Fussel nicht mehr an ihr haften.

6.9 Beschriften

Die Beschriftung von Silikonbauteilen, egal ob Extrudate oder Spritzgießteile, ist generell möglich. Zwei Verfahren sollen hier kurz beschrieben werden.

Bei Extrudaten wird häufig die Bedruckung per Tintenstrahl vorgenommen. Die Beschriftung erfolgt vor dem Vulkanisationsprozess, sodass die Farbe mehr oder weniger bei der Vulkanisation mit eingebrannt wird. Die Bedruckung kann somit inline erfolgen.

Eine andere Möglichkeit ist die Laserbeschriftung von Silikonelastomeren. Hierbei muss aber getestet werden, ob der Kautschuk auf die Wellenlängen des Lasers reagiert. Sollte kein Farbumschlag (meistens schwarz oder grau) entstehen, kann dem Silikonkautschuk ein Additiv zugemischt werden, was auf den Laser reagiert. Bild 6.52 zeigt den Einfluss des Additivanteils auf das Erscheinungsbild.

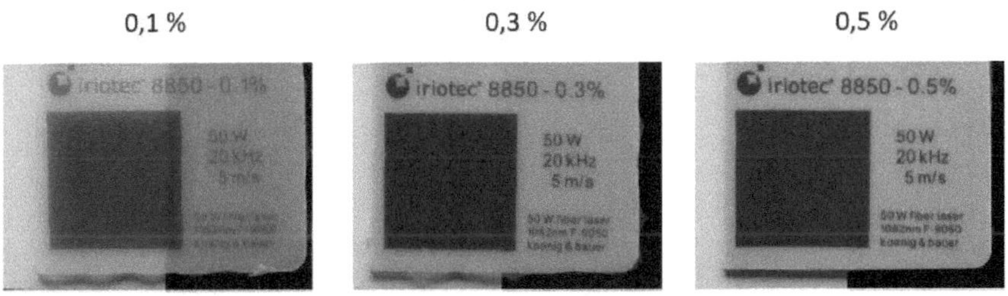

Bild 6.52 Einfluss des Additivanteils auf das Druckbild

Neben dem Farbumschlag kann mit dem Laser auch eine Vertiefung in die Bauteile gebrannt werden, sodass es ähnlich einer Prägung ist.

Literatur

Röthemeyer, F., Sommer F.: Kautschuk Technologie, Hanser-Verlag, 2013

Rüppel, A.: Untersuchung von Flüssigsilikonkautschuk-Polypropylen-Verbunden, kassel university press, Kassel, 2020

Schlitt, C: Verbunde aus Thermoplast und Silikon mit unterschiedlichen Mechanismen zur Initiierung der Vernetzung hergestellt im Mehrkomponentenspritzgießverfahren, kassel university press, 2018

Hartung, M.: Untersuchung der UV-C Bestrahlung als Oberflächenvorbehandlungsmethode von Polycarbonaten zur Erzeugung einer Verbundhaftung zu Flüssigsilikonkautschuken, kassel university press, 2023

Verheyen, F.: Die Extrusion von Festsilikonkautschuk - eine Verfahrensanalyse, kassel university press, 2019

7 Prüfen von Silikonelastomeren

Ralf-Urs Giesen

Die Prüfung von Materialien und Bauteilen im Bereich der Silikone unterscheidet sich stark vom Vorgehen bei den typischen Kunststoffen, wie Duroplaste oder Thermoplaste. Auch die aus der Kautschukbranche geläufigen Normen für Elastomere lassen sich nicht immer ideal auf die Silikonkautschuke und -elastomere anwenden. Bis heute gibt es keine speziell auf die Silikone zugeschnittenen Prüfnormen oder Richtlinien. Deswegen wird eigentlich immer nur in Anlehnung an die bestehenden Normen geprüft. Hauptsächliche Unterschiede zu anderen Elastomeren sind die oft niedrigeren Festigkeitswerte, die niedrige Weiterreißfestigkeit und die grundlegend verschiedene Herstellung.

Die im vorliegenden Kapitel genannten Prüfungen dienen der Qualitätssicherung, der Werkstoffauswahl, Dimensionierungsaufgaben (Bauteilauslegung) und der Schadensanalyse.

7.1 Probekörperherstellung

Die Herstellung der Probekörper kann aus der DIN ISO 23529 entnommen werden. Generell werden im Bereich der Elastomere oft Prüfplatten hergestellt. Aus diesen Prüfplatten werden dann mit Stanzwerkzeugen Probekörper entnommen. Dies ist in Bild 7.1 dargestellt.

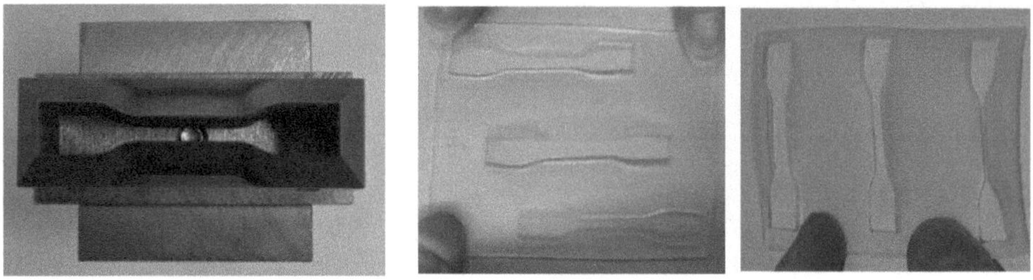

Bild 7.1 Stanzprüfkörper

Bei Plattenmaterial muss aber immer darauf geachtet werden, dass keine Lunker (Luftblasen) im Material sind. Zudem kann es vorkommen, dass durch die Stanzwerkzeuge kleine Anrisse entstehen, die dann die Weiterreißfestigkeit senken.

Eine weitere Möglichkeit besteht darin, Probekörper spritzzugießen. Hierfür benötigt man dann passende Spritzgießwerkzeuge. In Bild 7.2 ist ein Spritzgießwerkzeug für den S2-Prüfstab und ein 4-fach-Werkzeug für einen Puck (DVR-Prüfung) zu sehen. Vorteil hier ist, dass die Fertigung der Bauteilfertigung entspricht.

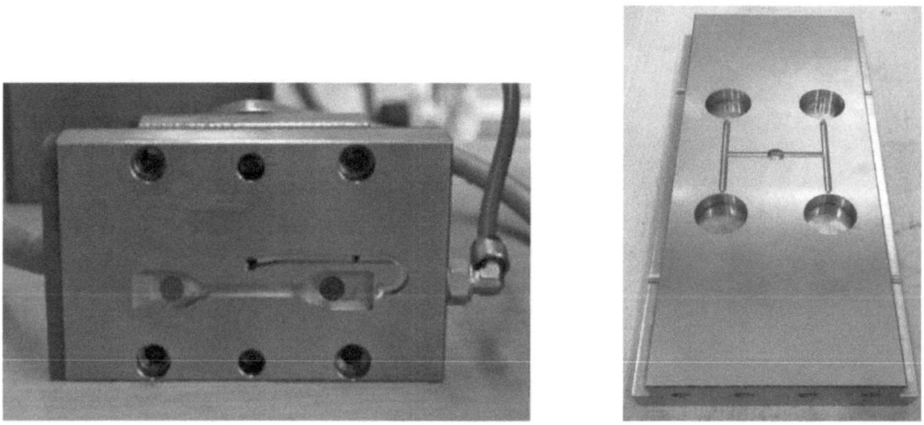

Bild 7.2 Spritzgießwerkzeuge für Prüfstab und Puck

7.2 Härte

Silikonelastomere werden hauptsächlich über ihre Härte ausgewählt. Viele Materialhersteller verwenden den Shore-A-Wert zur Einteilung ihrer Produkte. Als Beispiel sei hier das Material Wacker Elastosil 3003–30 genannt. Dieses Material hat eine Härte von 30 Shore A. Der Anwender bzw. Verarbeiter kriegt dadurch die Information, dass es sich um ein relativ weiches Elastomer handelt.

Die Definition für die Härte ist wie folgt: Die Härte ist der Widerstand, den ein Körper dem Eindringen eines anderen, härteren Körpers entgegensetzt [Grellmann 2015]. Hierbei wird ein harter Eindringkörper senkrecht in die Oberfläche des zu untersuchenden Prüfkörpers eingedrückt. Das Maß ist die Eindringtiefe, die aufgrund des materialspezifischen Verhaltens der Kunststoffe unter Last nach festgelegten Zeiten ermittelt wird. Es gibt verschiedene Normen, die hier Anwendung finden können. Folgende werden häufig angewendet: DIN ISO 7619, DIN EN ISO 868, DIN ISO 48. In der DIN ISO 7619 werden die Shore-A- und Shore-D-Härte beschrieben. Shore A ist für weiche Materialien (Elastomere) und Shore D für härtere Materialien (Thermoplaste) gedacht. In Bild 7.3 kann man in einem gewissen Bereich beide Härten miteinander vergleichen.

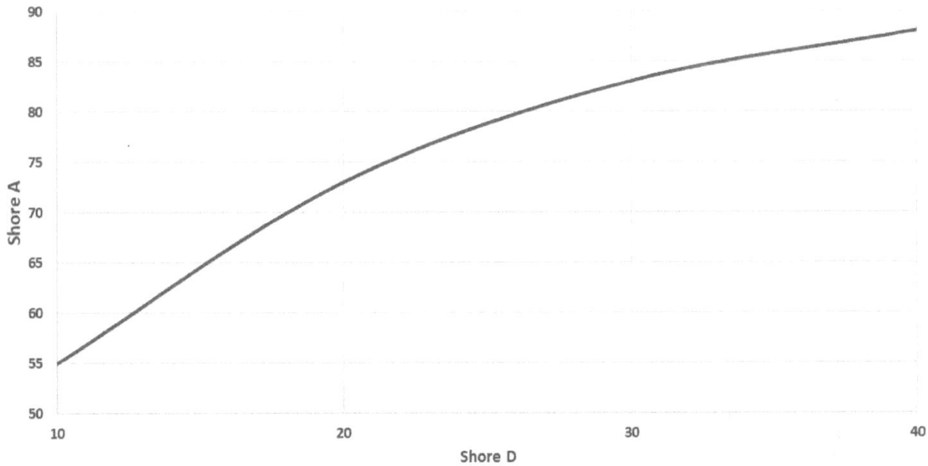

Bild 7.3 Vergleich von Shore A zu D

So entsprechen ungefähr 20 Shore D einer Shore-A-Härte von 75. Für beide Messverfahren gilt, dass eine Mindestdicke von 6 mm am zu prüfenden Teil vorhanden sein muss. Die Norm lässt auch zu, Teile zu stapeln. Dies ist in Bild 7.4 am Beispiel von gestapelten S2-Prüfkörpern zu sehen.

Bild 7.4 Härteprüfung am Prüfkörper S2

Im angelsächsischen Raum wird die Härte oftmals in IRHD angegeben. Das Messverfahren ist in der DIN ISO 48 genormt. Im Gegensatz zur Shore-Messung wird hier mit einem runden Messkopf gemessen und nicht mit einer Spitze bzw. einem Kegelstumpf. Dadurch ist nur eine Mindestdicke des zu prüfenden Bauteils von 1 mm notwendig. Die Werte liegen aber sehr eng beieinander, wie Bild 7.5 aufzeigt.

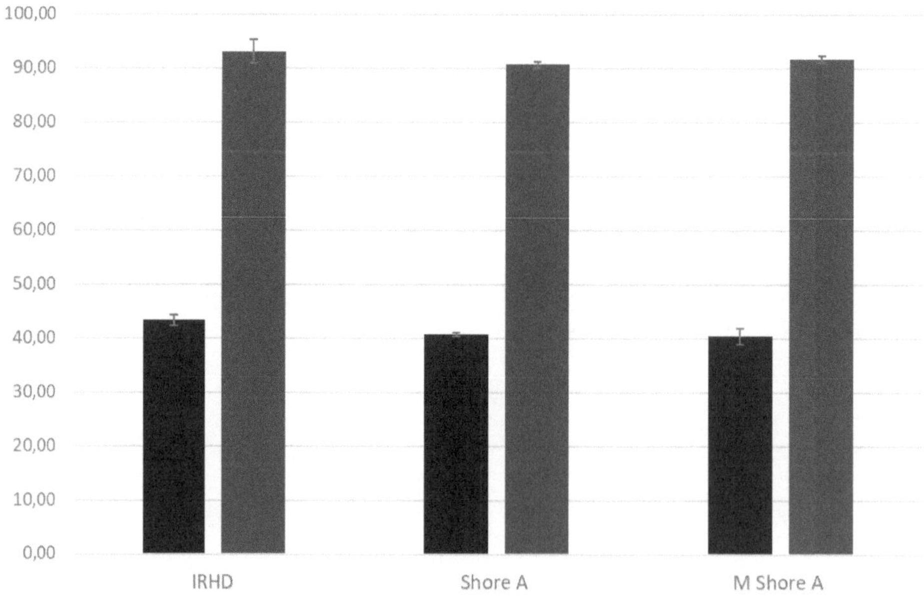

Bild 7.5 Vergleich unterschiedlicher Härtemessverfahren

Rechts in Bild 7.5 ist noch das Messverfahren Mikro Shore A aufgeführt. Dieses ist noch nicht genormt, ermöglicht aber auch dünnwandige Bauteile mit einer Mindestdicke von 0,5 mm zu messen. Für noch dünnwandigere Bauteile gibt es mittlerweile auch Prüfgerätehersteller, die im sogenannten Nano-Shore-Bereich messen.

7.3 Zugeigenschaften

Elastomere haben generell eine deutlich geringere Zugfestigkeit als Thermoplaste. Für die Silikonelastomere kann man sagen, dass die Maximalwerte um den Faktor 10 niedriger sind. So liegen die Zugfestigkeiten im Bereich von 7 – 10 N/mm^2. Viel entscheidender sind aber Kennwerte wie z. B. die Spannung bei 100 % Dehnung oder auch die Bruchdehnung.

Als Messgeräte eignen sich Universalprüfmaschinen mit verlängerten Holmen und Langwegdehnungsmessaufnehmern. Will man Festigkeits- und Dehnungswerte bei unterschiedlichen Temperaturen messen, ist eine Klimakammer vorzusehen, die um den Prüfling gebracht werden kann. In Bild 7.6 ist ein Ausschnitt solch einer Prüfmaschine zu sehen.

Bild 7.6 Prüfmaschine mit Langwegdehnungsmesser und Klimakammer

Als Prüfkörper kommen vorrangig die Schulterstäbe S2 und S3 zum Einsatz, also eher kleinere Prüfkörper. Bei größeren Prüfkörpern ist das Problem, dass oft die Höhe der Prüfmaschine nicht für die zu erwartenden Dehnungen ausreicht.

Der Kurvenverlauf einer Messung mit einem Silikonelastomer unterscheidet sich deutlich von dem eines Thermoplasten. Zum einen ist ein wirklicher E-Modul nicht zu erkennen, zum anderen ist ein Abfall der Maximalkraft nach Erreichen nicht vorhanden. Bei maximaler Dehnung erhält man auch die maximale Zugkraft. Die Kurvenverläufe sind in Bild 7.7 dargestellt.

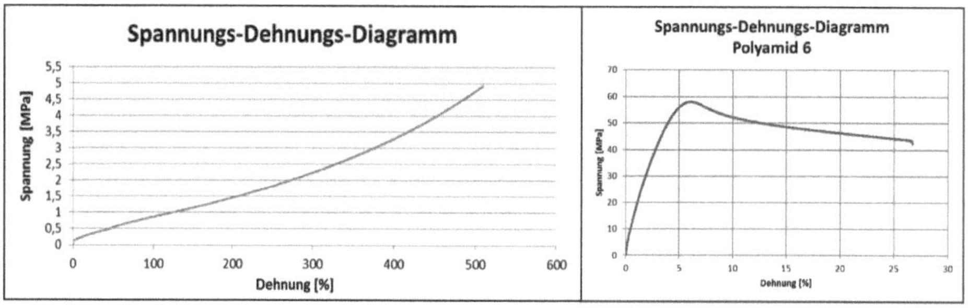

Bild 7.7 Vergleich Spannungs-Dehnungs-Kurve Silikonelastomer (links), Thermoplast (rechts)

Hohe Dehnungen werden eher bei Materialien mit Shore-A-Härten im Bereich von 30–60 erreicht. Je härter ein Material wird, umso mehr steigt die Zugkraft, die Dehnungen werden aber geringer. Optische Silikone zeigen sehr geringe Dehnungen; das liegt daran, dass als Füllstoff keine verstärkende Kieselsäure verwendet wird, sondern Silikonharzpartikel.

7.4 Druckverformungsrest

Neben der Härteprüfung nach Shore A ist der Druckverformungsrest, kurz DVR, die wichtigste Prüfung bei den Silikonelastomeren. Der Wert gibt an, wie sich das Elastomer nach einer langanhaltenden Druckbelastung zurückverformt. In den meisten Fällen wird bei Temperaturen zwischen 120 und 175 °C geprüft. Vor allem für Dichtanwendungen ist der Wert wichtig. Bei Raumtemperatur zeigen Silikonelastomere einen deutlich besseren DVR als viele andere Elastomere und thermoplastische Elastomere. Als Prüfnorm wird hier oft die DIN ISO 815 verwendet. Als Prüfgerät dienen 3 Metallplatten, die über Schrauben und definierte Abstandshalter verbunden werden. In den Zwischenraum werden dann die Prüflinge eingelegt und definiert zusammengedrückt.

Bild 7.8 Prüfgerät für DVR (links und Mitte, rechts Prüfkörper)

Bild 7.8 zeigt sowohl ein mögliches Prüfgerät wie auch die möglichen Prüfkörper. Typ A hat einen Durchmesser von 29 mm und ist 12,5 mm dick und Typ B hat einen Durchmesser von 13 mm und ist 6,3 mm dick.

Vor dem Einlegen des Prüfkörpers wird dessen Höhe vermessen (h_0). Danach wird der Prüfkörper eingelegt und um 25 % gestaucht (h_s). Der Prüfkörper wird jetzt nach Vorgabe (Standard 22 h/175 °C) gelagert. Nach der Lagerung wird der Prüfkörper neu vermessen (h(t)) und der Druckverformungsrest gemäß der Formel in Bild 7.9 bestimmt.

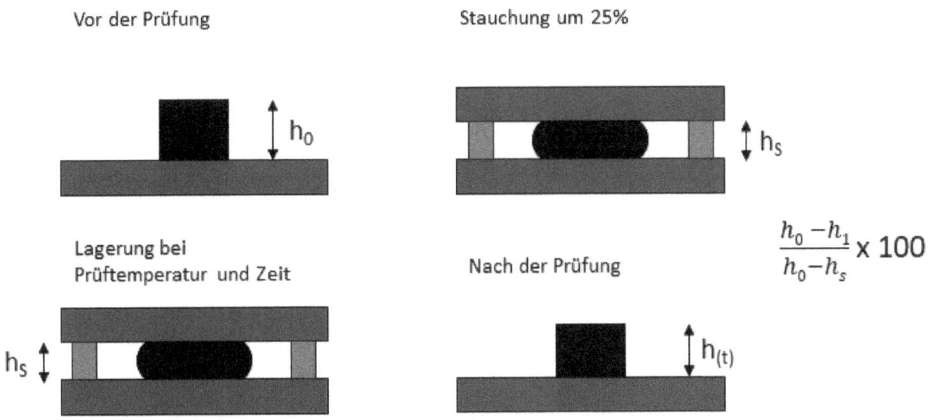

Bild 7.9 Messung des Druckverformungsrestes

Je niedriger der Wert für den DVR ist, desto besser verhält sich das Material unter Druck und Temperatur. Gute DVR-Werte sind unter 10. Bei Standardsilikonelastomeren kann der Wert zwischen 10 und 30 liegen. Durch die Verwendung von unterschiedlichen Kieselsäuren bzw. deren Anteilen kann man den Wert stark beeinflussen. Hierfür eignen sich vor allem HCR-Typen, da sie durch den Compounder entsprechend eingestellt werden können.

In der Automobilindustrie wird auch gerne ein Druckverformungsrest bei 1008 h getestet.

7.5 Mullins-Effekt

Der Mullins-Effekt zeigt die Wechselwirkung zwischen der eingearbeiteten Kieselsäure und den Polymerketten. Man misst den Dehnungsverlust bei unterschiedlichen Dehnraten. Dieser Verlust rührt von den irreversiblen Veränderungen im Material her. In Bild 7.10 sieht man, dass drei verschiedene Laststufen angefahren werden. In diesem Beispiel geschieht das fünf Mal.

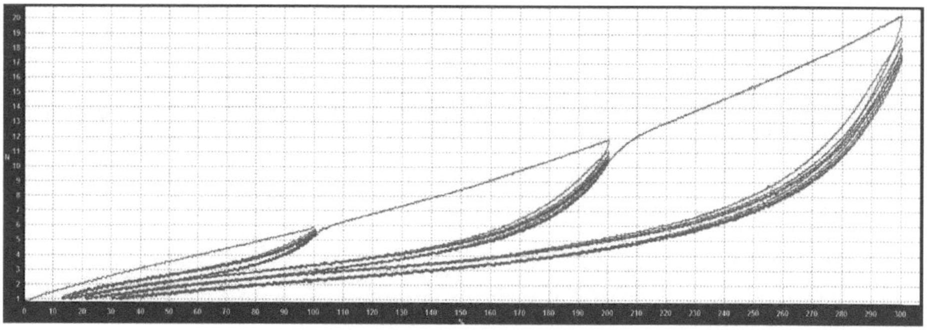

Bild 7.10 Mullins-Effekt

Nach dem ersten Erreichen der Laststufe sieht man, dass bei der Entlastung nicht mehr der Ausgangszustand erreicht wird, dies bedeutet, dass sich die Elastizität des Materials verändert hat. Bei den nächsten 4 Wiederholungen der gleichen Laststufe hingegen ist keine Veränderung der Kurvenverläufe festzustellen. Erhöht man nun die Last, tritt wieder ein Dehnverlust auf.

Zur Messung des Mullins-Effekts wird eine Universalprüfmaschine verwendet.

7.6 Rückprallelastizität

Die Prüfung der Rückprallelastizität wird hauptsächlich zur Qualitätssicherung verwendet. Genormt ist die Prüfung in der DIN 53512. Man benötigt hierfür einen Probekörper mit einem Mindestdurchmesser von 29 mm und einer Dicke von 12,5 mm. In Bild 7.11 sind ein Messgerät sowie die dazugehörigen Probekörper zu sehen.

Die Prüfung dient zur Beurteilung des Elastizitätsverhaltens von Elastomeren in einem Härtebereich von 30 bis 85 Shore A bei Stoßbeanspruchung. Zudem können auch erste Anhaltspunkte über das dynamische Verhalten von Materialien erkannt werden. Der Versuch läuft wie folgt ab. Die ersten drei Schläge auf den Probekörper dienen zur Konditionierung, danach folgen drei weitere Schläge, bei denen das Verhältnis der wiedergewonnenen Energie zur aufgebrachten Energie gemessen wird. Aus den letzten drei Schlägen wird der Median gebildet und als Wert angegeben.

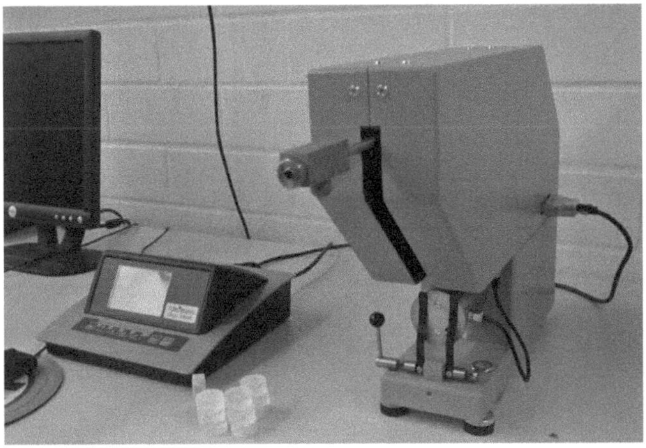

Bild 7.11 Messgerät mit Prüfkörper

7.7 Weiterreißfestigkeit

Neben allen guten Vorteilen gibt es auch Nachteile bei den Silikonen. Die Weiterreißfestigkeit liegt im Normalfall deutlich unter der von anderen Elastomeren. Deswegen muss man bei Anwendungen, bei denen das Silikonelastomer äußeren Krafteinwirkungen mit spitzen Gegenständen ausgeliefert ist, diesen Wert im Blick behalten. Als Beispiel kann hier der Schnuller oder Sauger im Bereich Babycare genannt werden, ein Abriss kann fatale Folgen haben.

Es gibt die DIN 34-1 mit mehreren Methoden zur Bestimmung des Weiterreißwiderstandes. Wir werden hier nur auf die Methode A und B eingehen. Bei der Methode A wird ein Silikonelastomerstreifen längs eingeschnitten, sodass man zwei Laschen erhält. Diese Laschen werden dann in die Zugprüfmaschine eingespannt. Mit konstanter Prüfgeschwindigkeit wird dann so lange gezogen, bis der Prüfkörper reißt. Es wird die Kraft pro mm Probendicke als Prüfergebnis angegeben (N/mm).

In Bild 7.12 sind die Probekörper für Methode A (links) und für Methode B (rechts) zu sehen.

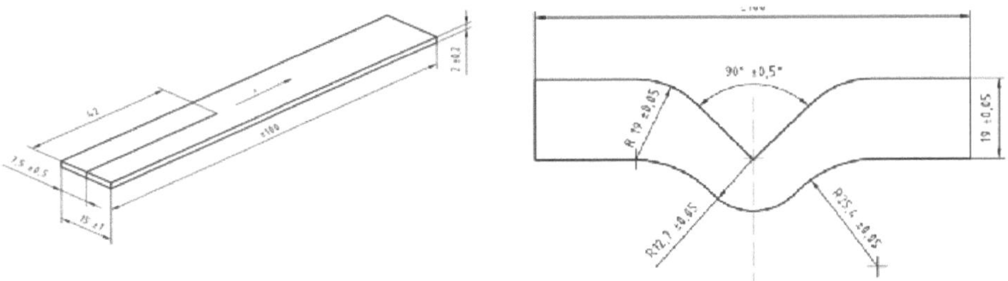

Bild 7.12 Prüfkörper für den Weiterreißwiderstand (links Methode A, rechts Methode B) [DIN 34-1]

Bei der Methode B wird ein sogenannter Winkelprüfkörper verwendet. Dieser kann ohne Einschnitt oder mit Einschnitt verwendet werden. Der Einschnitt wird im Schnittpunkt des rechten Winkels eingebracht. Hintergrund ist, dass man mit dem Einschnitt reale Situationen von geschlitzten Silikonbauteilen nachbilden kann. Dies kann ein Sauger oder auch ein geschlitztes Ventil sein.

7.8 Dynamische Prüfungen

Elastomere Bauteile unterliegen in der Anwendung oft zyklisch-dynamischen Beanspruchungen. Hierbei kann es sich um Schwingungen in einem Dämpfer, Auslenkungen von Membranen oder auch um immer wiederkehrende hohen Dehnungen, verursacht durch hohe Zugkräfte an einem Bauteil, handeln. Standardisierte Prüfungen werden hier in der Regel durch Normen beschrieben, wie z. B. der ISO 6943 oder der ISO 4664. Diese Normen sind aber zum einen oftmals nur für Synthese- und Naturkautschuk, bzw. Gummi anwendbar und zum anderen als nicht zerstörende Prüfungen gedacht.

In der Regel ist es sinnvoll den realen Anwendungsfall zu untersuchen, hierfür eignen sich sogenannte Mehrachsenprüfstände oder dynamische Prüfmaschinen (Hydropulser), wie in Bild 7.13 dargestellt. Häufig werden diese Prüfgeräte heutzutage mit optischen Messystemen ausgestattet um auch den dreidimensionalen Einfluss zu untersuchen. An den Prüfgeräten können je nach Ausführung, hohe Frequenzen und hohe Kräfte eingestellt werden. Ebenfalls möglich ist die Untersuchung unter bestimmten klimatischen Bedingungen, links in Bild 7.13 ist im Hintergrund eine Klimakammer zu erkennen, in der die Probe zyklisch-dynamisch belastet werden kann.

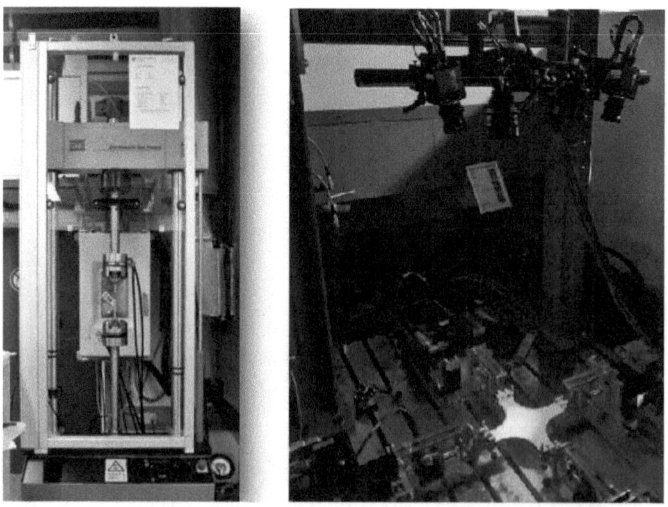

Bild 7.13 Maschinen für dynamische Prüfungen (links: Hydropulser, rechts: Mehrachsenprüfstand)

7.9 Optische Prüfmethoden

Unter die optischen Prüfmethoden fallen zum einen die mikroskopischen Untersuchungen mit Auf- und Durchlicht, aber auch die Messung von Farbe und Transparenz. Des Weiteren können Silikonelastomere auch mit dem Rasterelektronenmikroskop oder mit der Fourier-Transformation-Infrarotspektroskopie untersucht werden. In den folgenden Unterkapiteln wird auf die einzelnen Messmethoden eingegangen. Hierbei wird unterschieden, ob es sich um materialspezifische Untersuchungen handelt oder um geometrische.

7.9.1 Mikroskopie

Mit der normalen Auflichtmikroskopie können Oberflächenstrukturen untersucht werden. In der Regel geht es hier um optische Fehler, wie Einschlüsse, Verbrenner, Anspritzpunkte oder Spritzgrate. Viele neuen Digitalmikroskope können auch Oberflächenrauigkeiten messen, dies kann zum einen mit Laser, aber auch mit hochauflösenden Lichtmikroskopen geschehen. Will man nur die geometrischen Abmessungen überprüfen so eignen sich für Elastomere Messprojektoren. Solch ein Projektor ist in Bild 7.14 dargestellt.

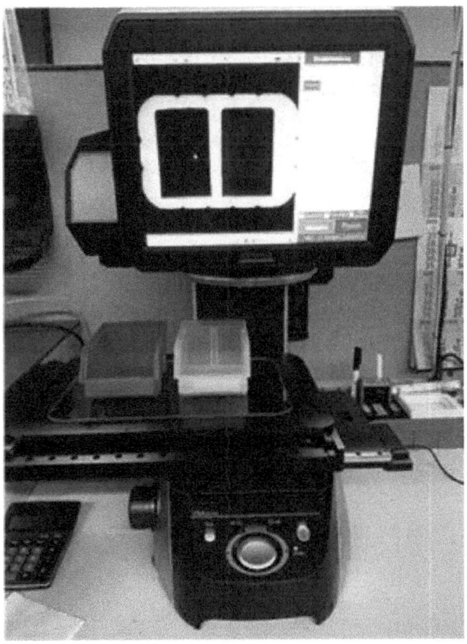

Bild 7.14
Messprojektor zur Bestimmung der geometrischen Abmaße an Bauteilen

Vorteil hierbei ist, dass das Bauteil nicht taktil belastet wird und das Messergebnis verfälscht wird. Zudem können diese Projektoren auch mit Robotsystemen bedient werden, sodass eine automatisierte Kontrolle der Bauteile möglich ist.

Eine weitere Möglichkeit ist die Untersuchung der Bauteile mit einem Rasterelektronenmikroskop. Je nach Auflösung können hier Bestandteile, wie z. B. die Kieselsäure, detektiert werden. Auch Schaumstrukturen in geschäumten Silikonelastomeren sind hiermit gut zu erkennen, siehe Bild 7.15.

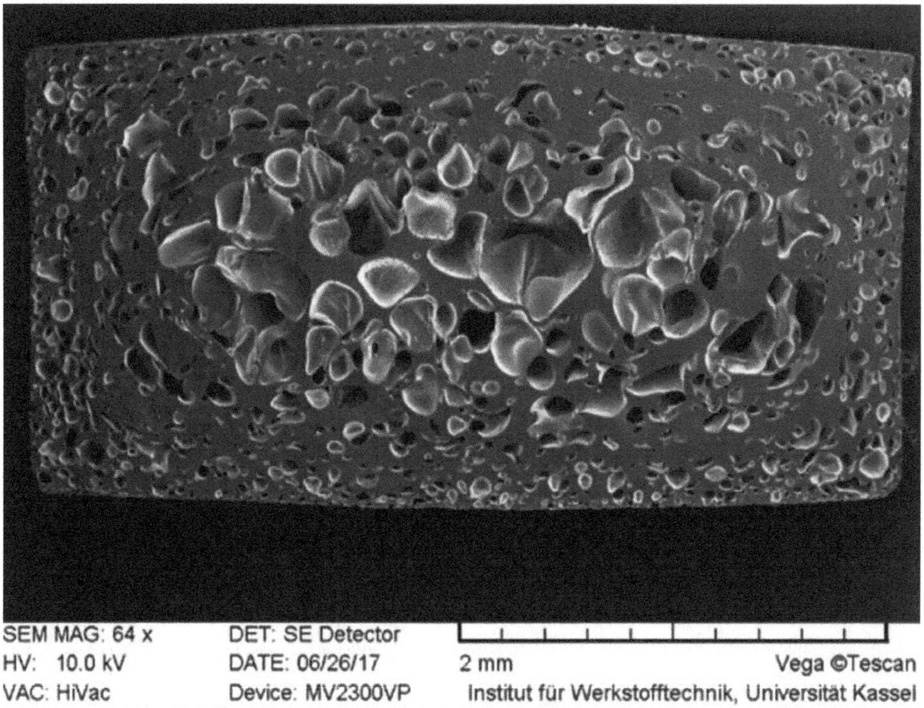

Bild 7.15 REM-Aufnahme von einem geschäumten Silikonbauteil

7.9.2 Spektroskopie

Bei der Spektroskopie handelt es sich um die Zerlegung der Strahlung in Wellenlängen, Masse oder Energie. Wir betrachten hier zwei Messverfahren, mit denen vorrangig die Silikonelastomere in Wellenlängen zerlegt werden. Bei der Farb- und Transparenzmessung betrachten wir die Wellenlängen im sichtbaren Bereich des Lichtes und bei der FTIR-Spektroskopie im Bereich der Infrarotstrahlung.

Bei der Farb- und Transparenzmessung geht es vor allem um die Qualitätssicherung von Bauteilen. Hierbei handelt es sich um ein einfaches schnelles Messverfahren, welches inline im Prozess oder nachrangig platziert werden kann. Die Transparenzmessung gewinnt immer mehr an Bedeutung, da optische Silikone immer mehr Einzug in die Produkte erhalten.

Die Fourier-Transformations-Infrarot (FTIR) Spektroskopie dient dazu Materialien, aktive Gruppen, Substanzen und Reaktionskinetiken zu identifizieren. Im einfachsten Fall kann festgestellt werden, um welches Material es sich handelt, als Beispiel sei hier die Unterscheidung von Silikon, TPE oder Gummi genannt. Des Weiteren kann aber auch Fremdmaterial im Bauteil mit einem FTIR-Mikroskop detektiert werden oder aktive Gruppen nach einer Vorbehandlung zur Haftungsoptimierung auf Thermoplasten.

7.9.3 Computertomographie

Die Tomographie von Bauteilen ist mittlerweile auch Standard in der Industrie geworden. Diese zerstörungsfreie Prüfung bietet den Vorteil, dass man in das Bauteil schauen kann. Hierbei können Füllstoffe oder Blasen und deren Verteilung im Bauteil detektiert werden. Möglich ist zudem auch die Vermessung der Bauteile und die Erstellung von CAD-Daten. Je nach Bauteilgröße muss geschaut werden ob der Tomograph die richtige und sinnvolle Auflösung hat.

Literatur

[Grellmann 2011] Grellmann, W.; Seidler, S.: Kunststoffprüfung, Carl Hanser Verlag, 2011

[Richter 2023] Richter, B.:Prüfverfahren praxisgerecht anwenden, Dicht 2.2023, ISGATEC Medien

8 Anwendungsbeispiele

Ralf-Urs Giesen, Kevin Klier

Im nachfolgenden Kapitel werden unterschiedliche Anwendungsbeispiele für Silikonelastomere beschrieben. Aufgrund der vielen guten Eigenschaften gibt es Produkte in den Bereichen Medizin, Automotive, Elektrik, Elektronik, Consumer Products und Babycare. Es wird dabei versucht zu erklären, warum gerade hier das Silikonelastomer prädestiniert ist.

8.1 Medizin

Silikonelastomere eignen sich durch ihre gute Beständigkeit gegen Säuren und Laugen, ihre Biokompatibilität, ihre physiologische Unbedenklichkeit und die Möglichkeiten der Sterilisation mit allen gängigen Methoden hervorragend für den Einsatz in der Medizintechnik.

Sie können in der Medizintechnik in Endlosprodukten wie einfachen Schläuchen, mehrlumigen Schläuchen, Kathedern oder Profilen zum Einsatz kommen. Neben den Endlosprodukten können auch technische Formteile aus Silikonkautschuk für die Medizintechnik hergestellt werden. Hier können die Produkte im oder außerhalb des Körpers eingesetzt werden.

Aufgrund des guten Rückstellverhaltens des Silikons kommen sie oft in Peristaltik- oder Rollenpumpen zum Einsatz. In Bild 8.1 ist eine Pumpe dargestellt, in der das Silikon zwei Aufgaben erfüllt. Zum einen dient es als Reservoir (Ballon) für Medikamente oder Nahrung, zum anderen wird mit der Rückstellkraft des Silikonelastomers der Inhalt in den menschlichen Körper befördert.

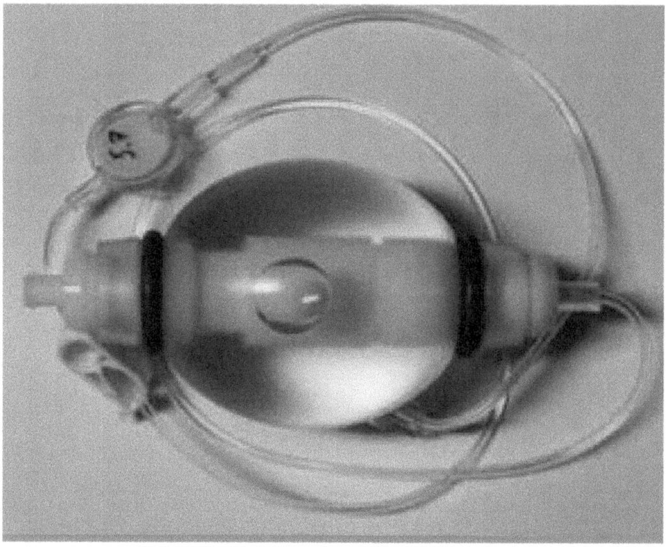

Bild 8.1 Pumpe zur Verabreichung von Medikamenten

Ein weiteres Produkt sind Beatmungsmasken (Bild 8.2). Hierbei dient das Silikonelastomer als Dichtung zur Haut. Dabei müssen mehrere Aufgaben erfüllt werden. Das Silikonelastomer muss gut zu reinigen sein, es muss eine Haftung zwischen dem Grundkörper (meistens Polycarbonat) und dem Silikon vorhanden sein und das Silikon soll hautverträglich sein, da es für mehrere Stunden, Tage am Körper anliegt.

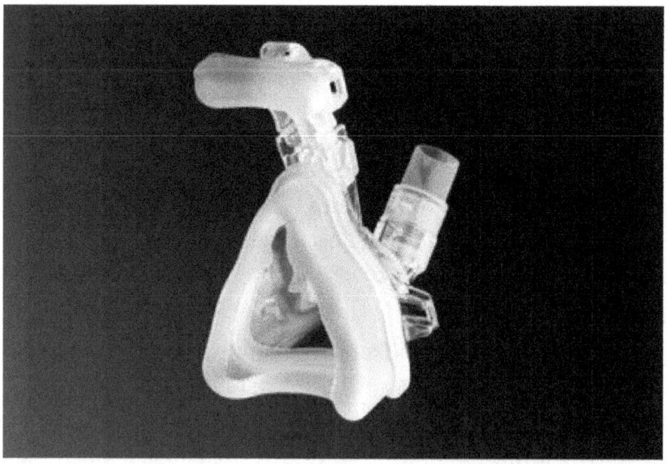

Bild 8.2 Beatmungsmaske mit einer Silikondichtung

Für besondere Anforderungen bei der Dosierung von Betäubungsmitteln und Medikamenten wird bei Spritzenstopfen (Bild 8.3) auch Silikon verwendet. Hier ist der Vorteil, dass reibungsreduzierte Typen zum Einsatz kommen und in der eigentlichen Spritze kein Gleitmittel mehr verwendet werden muss. Zudem kann eine Reaktion zwischen Silikon und dem Medium ausgeschlossen werden. Neuerdings gibt es immer mehr vorgefüllte Spritzen, die eine gewisse Lagerdauer überstehen müssen.

Bild 8.3 Spritzenstopfen

Ein weiteres Einsatzgebiet in der Medizintechnik sind Wundauflagen aus Silikon. Sie können hier zwei wesentliche Aufgaben erfüllen: Zum einen liegen sie eng an der Haut an und sind aber gleichzeitig sanft zu ihr. Zum anderen schützen sie die Wundstelle vor Schmutz und Bakterien, behindern aber durch ihre Atmungsaktivität die Wundheilung nicht. Ein Ablösen ist trotz der guten Anbindung zur Haut möglich ohne die Heilung zu behindern.

Bei Implantaten wird sehr häufig Silikon eingesetzt. Das gilt für kurzzeitige wie auch für Langzeitimplantate. Bei den Produkten handelt es sich um Katheter, Brustkissen, Schutzumhausungen. Die physiologische Unbedenklichkeit macht hier den Vorteil aus. Für Langzeitanwendungen gibt es speziell getestete Silikonelastomere.

8.2 Automotive

Im Bereich Automotive werden Silikonelastomere wegen ihrer hohen Temperaturbeständigkeit und guten Flexibilität über einen großen Temperaturbereich gerne eingesetzt. Sie finden sich in allen Bereichen des Autos wieder. Im Motorraum als Schläuche und Dichtungen, im Interieur als Airbagbeschichtung, Dämpfer unter Bedientasten, Schalterelemente am Lenkrad usw. Im Exterieurbereich dienen sie als Dichtungen für Sensoren und Scheinwerfer und z. B. als Heizmatte für AdBlue. Auch in Automobilen mit Elektroantrieb spielen Silikonelastomere eine große Rolle, hier dienen sie als Abstandshalter und Schutzeinhausungen bei Batterien, als Kabeldurchführungselemente und als Dämpfsysteme. Vorteile sind hier vor allem die isolatorischen Eigenschaften. In Bild 8.4 sind solche Elemente in großer Vielzahl abgebildet.

Bild 8.4 Teile für den Automobilbau (Quelle: Elmet)

Neben den klassischen Silikonelastomeren finden auch immer mehr optische Typen Einzug in den Automobilbereich. Sie werden in den Scheinwerfern als Lichtleiter (Bild 8.5) eingesetzt oder als Schutz für optische Sensoren. Auch als Einhausungen für LEDs eignen sich diese Materialien.

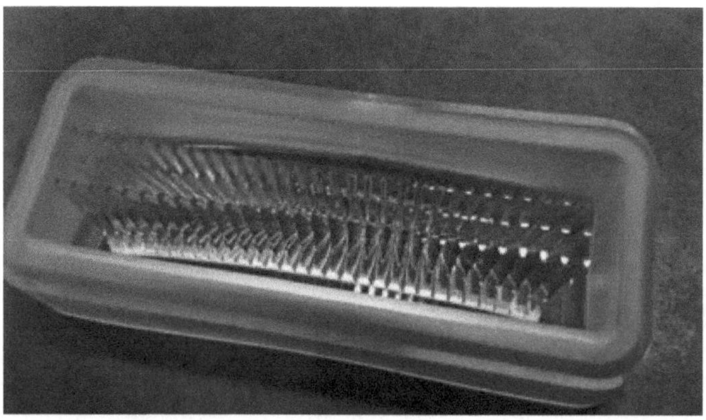

Bild 8.5 Lichtleiter

8.3 Elektrik

Im Bereich der Elektrik werden Isolatoren (Bild 8.6) auch aus Silikonkautschuk hergestellt. Hierbei sind die Vorzüge zum einen die wasserabweisenden Oberflächen, wobei auch der Schmutz mitgeführt wird, zum anderen die Witterungsbeständigkeit gegen UV-Strahlung und Feuchte. Hinzu kommt die Flexibilität gegenüber Glas und Keramik, wodurch Beschädigungen minimiert werden. Ein weiterer Vorteil ist, dass große Bauteile hergestellt werden können, die nur halb so schwer sind wie herkömmliche, da die Dichte von Silikonelastomeren geringer ist als die von Glas und Keramik.

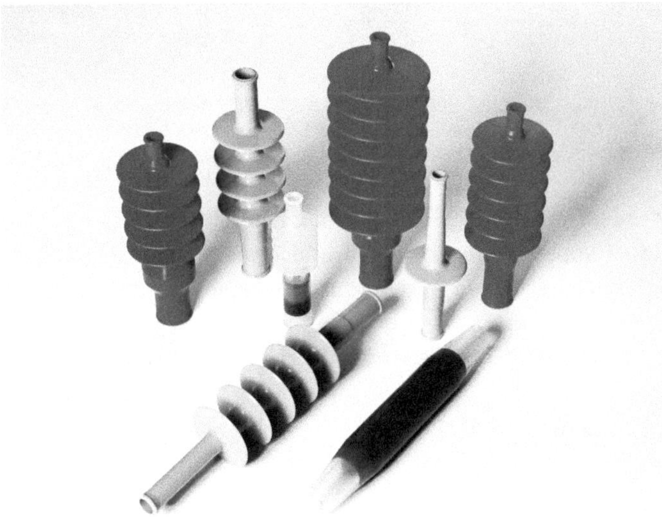

Bild 8.6 Isolatoren (Quelle: Elmet)

Des Weiteren werden Silikonelastomere gerne bei Steckern als Dichtungen verwendet (Bild 8.7). Hierbei kommt es darauf an, dass Feuchtigkeit und Schmutz nicht in die Steckverbindung eindringen. Zudem muss gewährleistet sein, dass bei Steckverbindungen, die öfter als einmal gelöst werden, die Dichtung weiterhin gut funktioniert. Dies geschieht durch den guten Druckverformungsrest, den das Silikonelastomer bietet.

Bild 8.7 Stecker mit Dichtungen innen und außen (Quelle: RICO)

In der Kabelindustrie werden Kabel mit Silikonelastomer beschichtet. Hier geht es um Temperaturflexibilität, Temperaturbeständigkeit und Beständigkeit gegen Flammen. Zudem können im Bereich der Lebensmittelindustrie solche Anforderungen gewünscht sein.

8.4 Consumerelektronik

Im Bereich der Consumerelektronik (z. B. Smartphones, Tablets, Laptops) finden Silikonelastomere in den unterschiedlichsten Bereichen Anwendung. Ein großer Vorteil ist hier die gute Spritzgießfähigkeit des Materials, die es ermöglicht, sehr kleine Bauteile (Gewicht < 0,05 g) herzustellen. Hierbei handelt es sich oft um Dichtungen für Kameras, Lautsprecher und Mikrofone. Zudem können sehr dünne Dichtungen an die Gehäuse gespritzt werden, um das Gerät gegen Feuchtigkeit und Schmutz zu schützen.

Auch für den Geräteschutz generell werden Silikonbauteile genutzt. Hier hat Silikon den Vorteil, dass es gut dämpfend wirkt und auch dem Bediener haptische Vorteile bietet. Zudem ist das Material beständig gegen viele Flüssigkeiten und Reinigungsmittel. Bild 8.8 zeigt solch eine Handyhülle, die im Inneren noch mit einem Thermoplasten verstärkt ist.

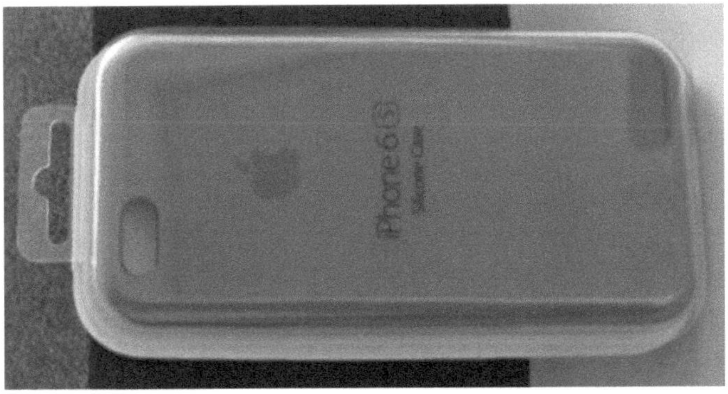

Bild 8.8 Handyhülle

Zudem werden viele elektrische Komponenten in solchen Consumerelektronik-Geräten mit Silikonkautschuk vergossen, um sie gegen äußere Einflüsse abzuschirmen bzw. um sie zu isolieren. Hier werden in der Regel raumtemperaturvernetzende Typen eingesetzt. Sie sind günstiger und mit einfacher Dosiertechnik zu verarbeiten. Bild 8.9 zeigt das Vergießen von LEDs mit einem optischen RTV-Silikon.

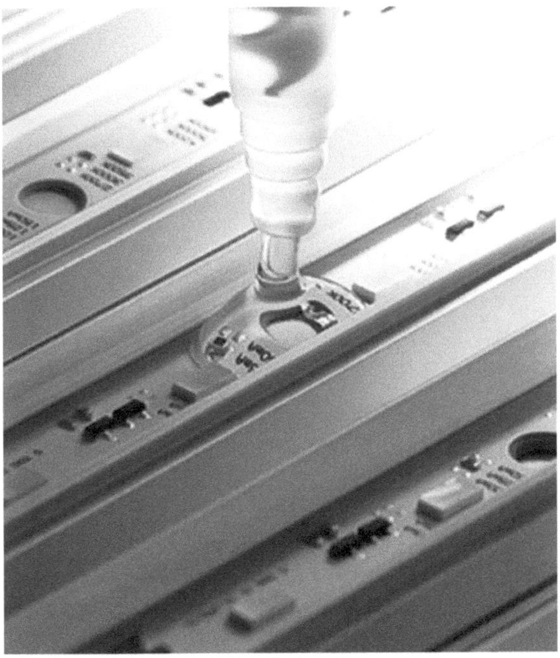

Bild 8.9 Silikon als Vergussmasse (Quelle: Wacker)

8.5 Sanitär und Haushalt

Im Sanitärbereich gibt es eine Vielzahl von Anwendungen (Bild 8.10) für Silikonelastomere. Die wohl Bekannteste ist die Fugendichtung, hier wird ein kondensationsvernetzendes Silikonelastomer eingesetzt. Beim Vernetzungsprozess entsteht ein Essig-Geruch. Schläuche in Duschbrausen können auch aus Silikon sein. Generell kann durch die guten physiologischen Eigenschaften gesagt werden, dass für Trinkwasseranwendungen Silikon sehr gut geeignet ist. Für Wasserhähne und Duschbrausen werden viele Dichtungen aus Silikonkautschuk hergestellt, zum Teil werden sie auch an Thermoplaste angespritzt und man macht sich das 2 K-Spritzgießverfahren zunutze. Einen weiteren Vorteil bietet das Material, indem es sich leicht von Kalk lösen lässt. Deswegen werden die Nippel an der Strahlscheibe einer Duschbrause aus Silikonelastomer hergestellt.

Bild 8.10 Bauteile für Sanitäranwendungen (Quelle: Rico)

Im Haushaltsbereich, vor allem in der Küche, kommen Silikonelastomere wie folgt zum Einsatz: Man nutzt sie für unterschiedlichste Backformen (Bild 8.11), Eiswürfelbehälter, Zitruspressen, Pfannenwender, Topflappen und andere Küchenutensilien. Sie werden überall da eingesetzt, wo hohe Temperaturen vorliegen, im Backofen, als Abstreifer oder als Griffe an Töpfen. Sie werden aber auch da eingesetzt, wo Trinkwasser oder Kochzutaten im Gebrauch sind, hier zum Beispiel in Kaffee- oder Küchenmaschinen.

Bild 8.11 Kuchenform (Quelle: Elmet)

8.6 Babycare

Aufgrund der physiologischen Unbedenklichkeit werden viele Silikonbauteile für die Babyversorgung genutzt. Neben den Trinksaugern und Schnullern (Bild 8.12) werden auch sogenannte Brustschalen-Sets oder Komponenten von Milchpumpen aus Silikon hergestellt. Der enge Mund- und Hautkontakt über eine längere Zeit bleibt ohne negative Folgen. Der nicht so gute Weiterreißwiderstand des Silikonelastomers muss in dem Anwendungsfeld beachtet werden. Im schlimmsten Fall können Babys/Kleinkinder Silikonteile verschlucken, die abgerissen oder ausgebissen wurden.

Bild 8.12 Artikel für Babys und Kleinkinder

8.7 Sport- und Freizeitbereich

Die Vorteile der weichen Oberfläche, der Elastizität und guten Hautverträglichkeit machen Silikonelastomere für viele Anwendungen im Sport- und Freizeitbereich interessant. Bei Taucher- und Schwimmbrillen (Bild 8.13) werden die Dichtlippen häufig aus Silikon hergestellt, hier werden auch zwei unterschiedliche Härtegrade verwendet, um Stabilität ins Bauteil zu bringen.

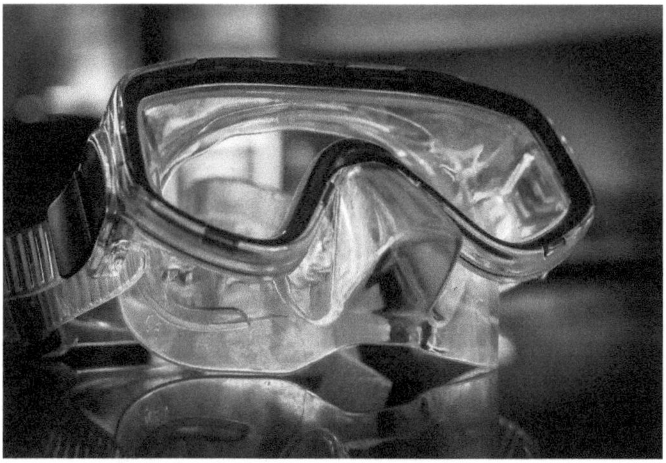

Bild 8.13 Taucherbrille (Quelle: Pixabay)

Weitere Anwendungsfelder sind Ohrstöpsel, Softelemente in Kopfhörern, Schuhsohlen, Griffe und vieles mehr.

Index

W

Z